Renata Machado Pinto
Aparecido D. da Cruz

Genética da obesidade infantil

AF138237

Renata Machado Pinto
Aparecido D. da Cruz

Genética da obesidade infantil

Estudo dos polimorfismos dos genes do TNF alfa e do receptor de dopamina DRD2

Novas Edições Acadêmicas

Impressum / Impressão
Bibliografische Information der Deutschen Nationalbibliothek: Die Deutsche Nationalbibliothek verzeichnet diese Publikation in der Deutschen Nationalbibliografie; detaillierte bibliografische Daten sind im Internet über http://dnb.d-nb.de abrufbar.
Alle in diesem Buch genannten Marken und Produktnamen unterliegen warenzeichen-, marken- oder patentrechtlichem Schutz bzw. sind Warenzeichen oder eingetragene Warenzeichen der jeweiligen Inhaber. Die Wiedergabe von Marken, Produktnamen, Gebrauchsnamen, Handelsnamen, Warenbezeichnungen u.s.w. in diesem Werk berechtigt auch ohne besondere Kennzeichnung nicht zu der Annahme, dass solche Namen im Sinne der Warenzeichen- und Markenschutzgesetzgebung als frei zu betrachten wären und daher von jedermann benutzt werden dürften.

Informação biográfica publicada por Deutsche Nationalbibliothek: Nationalbibliothek numera essa publicação em Deutsche Nationalbibliografie; dados biográficos detalhados estão disponíveis na Internet: http://dnb.d-nb.de.
Os outros nomes de marcas e produtos citados neste livro estão sujeitos à marca registrada ou a proteção de patentes e são marcas comerciais registradas dos seus respectivos proprietários. O uso dos nomes de marcas, nome de produto, nomes comuns, nome comerciais, descrições de produtos, etc. Inclusive sem uma marca particular nestas publicações, de forma alguma deve interpretar-se no sentido de que estes nomes possam ser considerados ilimitados em matérias de marcas e legislação de proteção de marcas e, portanto, ser utilizadas por qualquer pessoa.

Coverbild / Imagem da capa: www.ingimage.com

Verlag / Editora:
Novas Edições Acadêmicas
ist ein Imprint der / é uma marca de
OmniScriptum GmbH & Co. KG
Heinrich-Böcking-Str. 6-8, 66121 Saarbrücken, Deutschland / Niemcy
Email / Correio eletrônico: info@nea-edicoes.com

Herstellung: siehe letzte Seite /
Publicado: veja a última página
ISBN: 978-613-0-15320-5

Dedico este livro

A meus pais João Francisco e Maria Rita:
Os escultores de minha alma, exemplos que me arrastaram para o estudo e para uma
vida ética. O amor que me deram é minha força e minha alegria.

As minhas filhas Maria Luiza e Sofia,
com admiração por me compreenderem e me perdoarem pelas inúmeras vezes que
estive ausente nas suas vidas. Sua doçura me inspira, seu amor me salva.

A meu marido Márcio,
com amor e gratidão pelo carinho, e incansável apoio ao
longo do período de elaboração deste trabalho, sua fortaleza me
sustenta.

1

AGRADECIMENTOS

"Devemos ser gratos a Deus pelos pequenos detalhes.
Nos detalhes descobrimos o valor de uma realidade.
Olhar as miudezas da vida faz a diferença."
Padre Fábio de Mello

Sou muito grata a tantas pessoas que é muito difícil agradecer sem cometer a injustiça de esquecer outros que também merecem a minha gratidão.

Em primeiro lugar agradeço a meus pacientes e suas famílias, pela generosidade e confiança em meu trabalho. Agradeço a minha família, que sempre me incentivou, agradeço a meus orientadores que acreditaram em mim e plantaram sua semente, aos professores que me ensinaram e inspiraram, à equipe do laboratório Núcleo que com gentileza e carinho também cuidaram de meus pacientes, aos amigos antigos que partilharam da minha empolgação, aos novos amigos, companheiros de laboratório e das aulas que me auxiliaram em várias etapas desse trabalho e tornaram meu dia a dia mais leve e cheio de riso.

Em especial agradeço ao meu orientador Prof. Aparecido Divino da Cruz, pela importância na minha formação e por sua amizade! Nele encontrei uma alma bondosa, que toca o coração das pessoas e contagia com sua alegria; à minha co-orientadora, Profa. Daniela de Melo e Silva, minha referência de dinamismo e competência, amiga dos tempos de ginásio, reencontrá-la foi maravilhoso e à Profa. Thaís Cidália Vieira, companheira que tanto me ensinou e incentivou.

Aos queridos amigos: Fabrício Jose de Queiroz, Fernanda Ribeiro Godoy, Isabella Lacerda e Lilian de Souza Teodoro, que se debruçaram nas bancadas; aos "meus" estatísticos: João Lino Franco Borges e Macks Wendhell Gonçalves, e à Daniella Daineze, minha secretária e braço direito, o meu "muito obrigada"! Sem a dedicação de vocês esta dissertação não teria sido possível.

Citando Madre Teresa de Calcutá, o que fizemos é "uma gota no meio de um oceano, mas sem ela, o oceano seria menor". Sou muito grata a todos vocês e a Deus por esta oportunidade.

INDICE

LISTA DE ABREVIATURAS

A	Adenina
α-MSH	Hormônio melanócito-estimulante alfa
AgRP	Proteína relacionada à agouti
ANKK1	Anquirina
ANOVA	Analysis of Variance
ARC	Núcleo arqueado do hipotálamo
ARMS	Amplification Refractory Mutation System
C	Citosina
CART	Transcrito regulado por cocaína e anfetamina
COMT	Encefalina-catecolamina- metiltransferase
CT	Colesterol total
DA	Dopamina
DNA	Ácido desoxirribonucléico
DRD2	Receptor do gene de dopamina D2
EßN	Eutrófico com HOMA ß normal
Eß↑	Eutrófico com HOMA ß alterado
ELISA	Enzyme-linked immunosorbent assay
FDA	Federal Drug and Food Administration
G	Guanina
GABA	Ácido gama amino-butírico
GLP1	Peptídeo semelhante ao glucagon
GWAS	Estudo de associação no genoma
GWLS	Estudo de ligação no genoma
HDL	High density lipoprotein
HOMA	Modelo de avaliação da Homeostase
IMC	Índice de massa corporal
LHA	Área hipotalâmica lateral

MC4R	Receptor da melanocortina4
NAc	Núcleo accubens
NPR	Núcleo de Pesquisas Replicon
NPY	Neuropeptídeo Y
OI	Obesidade na infância
0ß↑	Obeso com HOMA ß alterado
0ßN	Obeso com HOMA ß normal
OMS	Organização Mundial de Saúde
PC1	enzima pró-hormônio convertase 1
PCR	Reação em Cadeia da Polimerase
POF	Pesquisa de Orçamentos Familiares
POMC	Pro-opiomelanocortina
PYY	Peptídeo YY
RDS	Síndrome da Deficiência de Recompensa
RFLP	Restriction Fragment Length Polymorphisms
SNC	Sistema nervoso central
SNP	Single Nucleotide Polymorphism
T	Timina
TDAH	Transtorno de déficit de atenção e hiperatividade
TG	Triglicérides
TLRs	Receptores Toll-like
TNF-α	Fator de necrose tumoral α
VMH	Núcleo hipotalâmico ventromedial
Z-IMC	Escore Z do IMC

I - INTRODUÇÃO

1.1- Definição de obesidade

Define-se obesidade como uma doença da homeostase energética causada pelo excesso de suprimento de energia em relação às demandas do organismo. Como conseqüência ocorre um exagerado estoque de energia na forma de tecido adiposo, prejudicando a saúde do indivíduo. É uma desordem multifatorial resultante da interação entre genética e ambiente (Hill et al., 2003).

Um método simples para se determinar o grau de obesidade é o cálculo do índice de massa corporal (IMC) definido como o peso em quilos dividido pelo quadrado da altura em metros (kg/m^2). Este tem sido o método mais utilizado universalmente, e também o proposto pela Organização Mundial de Saúde - OMS (WHO, 1995). A OMS define como tendo sobrepeso o adulto cujo IMC esteja entre 25 e 29,9 kg/m^2, e obeso quando o IMC esteja acima de 30 (Quadro 1). Para o diagnóstico em crianças utilizam-se as curvas de IMC para sexo e idade (Figuras 1 e 2) avaliadas de acordo com o Z-score ou Percentil (Quadro 2).

Quadro 1 - Valores de referência do IMC para diagnóstico do estado nutricional de adultos

IMC	Classificação
< 18,5	Baixo Peso
18,5 – 24,9	Peso Normal
25 – 29,9	Sobrepeso
30 – 34,9	Obesidade grau I
35 – 39,9	Obesidade grau II
> 40	Obesidade grau III

6

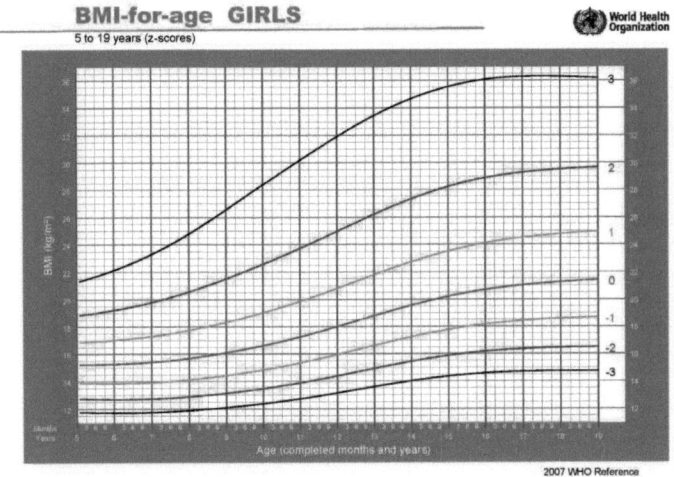

Figura 1. Curva de IMC meninas de 5 a 19 anos. Fonte: Organização Mundial de Saúde (http://www.who.int/growthref)

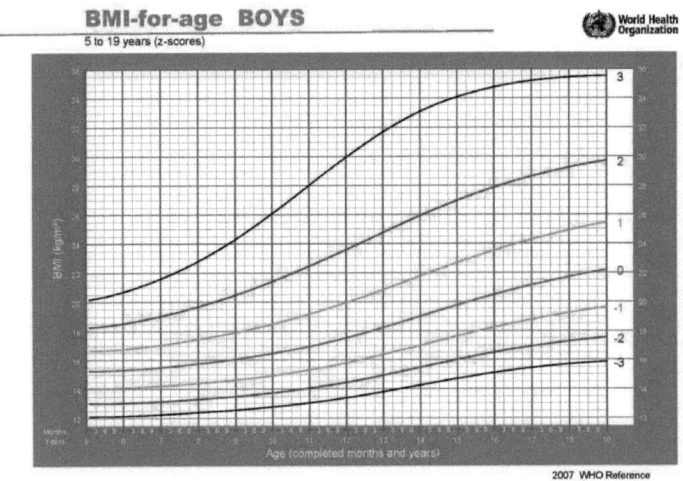

Figura 2. Curva de IMC meninos de 5 a 19 anos. Fonte: Organização Mundial de Saúde (http://www.who.int/growthref)

Quadro 2 – Valores de referência para diagnóstico do estado nutricional de crianças e adolescentes utilizando as curvas de IMC para idade e sexo da OMS

Valor encontrado na Criança		Diagnóstico Nutricional
Percentil (P) ou	Escore Z (Z)	
< P 0,1	< Z -3	Desnutrição acentuada
≥ P 0,1e < P3	≥ Z -3e < Z -2	Baixo Peso
≥ P 3 e < P85	≥ Z -2e < Z +1	Eutrofia
≥ P 85 e < P 97	≥ Z +1e < Z +2	Sobrepeso
≥ P 97	≥ Z +2	Obesidade
> P 99,9	> Z +3	Obesidade grave

1.2 - Epidemiologia

A obesidade é tão antiga quanto a história da humanidade. Existem evidências de indivíduos obesos no período paleolítico, há mais de 25.000 anos. A prevalência da obesidade, entretanto, nunca atingiu proporções tão elevadas (Halper, 1999). Hipócrates (460-377 a. C.) considerado o "pai da medicina" descreveu a obesidade como doença e indicava medidas terapêuticas como exercícios, caminhadas e ingestão menor de alimentos (Setian, 2007). A obesidade é reconhecida pela OMS como um dos dez principais problemas de saúde nas mais diversas sociedades (WHO, 2000). A prevalência desta patologia tem aumentado em todo o mundo, alcançando proporções epidêmicas em muitos países desenvolvidos e de transição, sendo uma importante causa de morbidade e mortalidade no mundo em desenvolvimento (Bell et al., 2005). Um relatório publicado em janeiro de 2014 realizado pelo *Overseas Development Institute* da Grã Bretanha (Keats & Wigginds, 2014) mostra um quadro geral da evolução da obesidade em todo o mundo nos últimos 30 anos: a América do Norte tem 70% da população de adultos acima do peso, a maior em todo planeta; a América Latina, entretanto não fica muito atrás com índices de 63%, um aumento muito significativo ao se comparar com os 30% relatados dos anos 80.

A evolução da obesidade no Brasil situa-se dentro do corrente processo de transição nutricional no país. Nesta perspectiva, são evidenciadas intensas transformações no panorama alimentar brasileiro. A comparação dos resultados obtidos nos dois inquéritos nutricionais realizados no país: o Estudo Nacional de Despesa Familiar (ENDEF) com os levantados pela Pesquisa Nacional de Saúde e Nutrição (PNSN) realizada no ano de 1989 (Brasil, Ministério da Saúde, 2002), confirma a tendência progressiva do declínio da desnutrição e o aumento da obesidade no Brasil. A melhoria das condições de vida, a maior cobertura de saúde e o declínio da fecundidade favoreceram a redução da desnutrição no país (Ferreira & Magalhães, 2006).

A pesquisa de Orçamentos Familiares (POF 2008-2009) realizada pelo Instituto Brasileiro de Geografia e Estatística em parceria com o Ministério da Saúde (IBGE, 2010), após analisar 188 mil brasileiros revelou dados surpreendentes. Neste levantamento constatou-se que 48% das mulheres e 50% dos homens brasileiros estão acima do peso, sendo que 16,9% das mulheres e que 12,5% dos homens estão obesos (Figura 3).

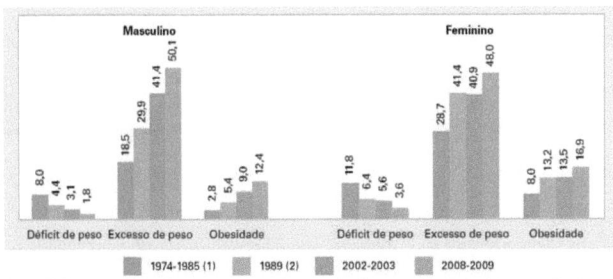

Figura 3. Prevalência de déficit de peso, excesso de peso e obesidade na população com 20 ou mais anos de idade, por sexo – Brasil – Períodos 1974-1975, 1989 e 2008-2009.

9

Os números das crianças e adolescentes também impressionam: ao se comparar os dados de 1974-75 com os de 2008-2009, na faixa etária de 10 a 19 anos houve um aumento de excesso de peso de 3,7% para 21,7% nos meninos e de 7,6% para 19% nas meninas. Foram considerados obesos 5,9% dos meninos e 4% das meninas (Figura 4).

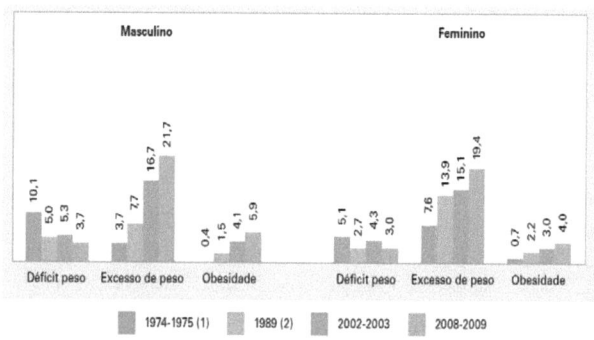

Fontes: IBGE, Diretoria de Pesquisas, Coordenação de Trabalho e Rendimento, Estudo Nacional da Despesa Familiar 1974-1975 e Pesquisa de Orçamentos Familiares 2002-2003/2008-2009; Instituto Nacional de Alimentação e Nutrição, Pesquisa Nacional sobre Saúde e Nutrição 1989.
(1) Exclusive as áreas rurais das Regiões Norte e Centro-Oeste. (2) Exclusive a área rural da Região Norte.

Figura 4. Evolução de indicadores antropométricos na população de 10 a 19 anos de idade por sexo – Brasil – Períodos 1974-1975, 1989 e 2008-2009.

Na faixa etária entre 5 e 9 anos houve um salto ainda maior: na década de setenta, 10,9% dos meninos e 8,6% das meninas tinham sobrepeso, esses números subiram para 34,8% e 32% respectivamente. Já o número de obesos aumentou em mais de 300% nesse grupo etário, indo de 4,1% para 16,6% (Figura 5)

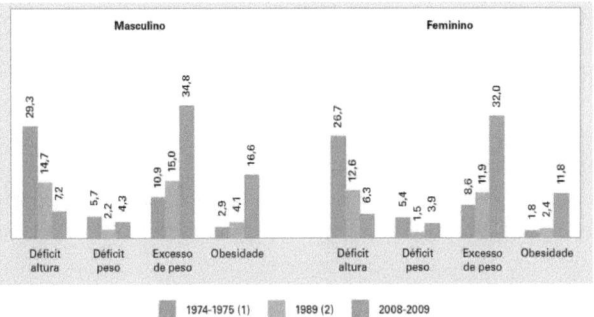

Fontes: IBGE, Diretoria de Pesquisas, Coordenação de Trabalho e Rendimento, Estudo Nacional da Despesa Familiar 1974-1975 e Pesquisa de Orçamentos Familiares 2008-2009; Instituto Nacional de Alimentação e Nutrição, Pesquisa Nacional sobre Saúde e Nutrição 1989.
(1) Exclusive as áreas rurais das Regiões Norte e Centro-Oeste. (2) Exclusive a área rural da Região Norte.

Figura 5. Evolução de indicadores antropométricos na população de 5 a 9 anos de idade por sexo – Brasil – Períodos 1974-1975, 1989 e 2008-2009.

A obesidade está associada a um maior risco para diversas doenças crônicas, incluindo diabetes, hipertensão, apnéia do sono, asma, doenças cardíacas, acidente vascular cerebral e diversos tipos de câncer (Field, 2001; Jaeger et al., 2008).

Infelizmente essas complicações têm ocorrido cada vez mais precocemente, cerca de 60% das crianças obesas entre 5 e 10 anos têm pelo menos um fator de risco para doença cardiovascular (hipertensão arterial, dislipidemia, hiperinsulinemia, alteração do metabolismo da glicose, fatores pró-trombóticos) e 20% delas têm dois ou mais desses fatores (Amemiya, 2007). Além das complicações metabólicas, as crianças e adolescentes obesos também apresentam maiores incidências de asma, apnéia do sono, síndrome dos ovários policísticos, além de conseqüências psicossociais (Radominski, 2011).

A obesidade também está associada ao aumento de risco de morte. Adams e colaboradores (2006) estimaram o risco de morte em uma coorte prospectiva com mais de 500.000 indivíduos nos Estados Unidos, e após 10 anos de seguimento, mostraram que entre pacientes que nunca fumaram, o risco de morte é elevado entre

11

20 a 40% em pacientes acima do peso, e entre 2 a 3 vezes em obesos quando comparados com pessoas de peso normal.

A epidemia de obesidade representa anualmente um grande déficit aos cofres públicos, devido ao aumento da mortalidade e da morbidade relacionadas às doenças associadas ao excesso de peso. O Departamento de Saúde Pública dos Estados Unidos estimou que o custo total relacionado ao sobrepeso e obesidade aproxima-se de U$ 117 bilhões (NIDDK, 2008).

No Brasil estima-se que sejam gastos um bilhão e 100 milhões de reais a cada ano com internações hospitalares, consultas médicas e remédios para o tratamento do excesso de peso e das doenças ligadas a ele. O Sistema Único de Saúde destina 600 milhões de reais para as internações relativas à obesidade. Esse valor equivale a 12% do que o governo brasileiro despende anualmente com todas as outras doenças. Se considerarmos também os gastos indiretos (faltas ao trabalho, licenças médicas e morte precoce), estima-se que o custo chegue a 1,5 bilhão de reais, revela o estudo elaborado pela Força Tarefa Latino-Americana de Obesidade (Sichieri, 2003).

1.3 – Fisiopatologia

A obesidade é uma condição de etiologia multifatorial influenciada por fatores genéticos, endócrino-metabólicos, ambientais e psicológicos. O peso corporal é mantido por um delicado equilíbrio entre três principais processos bioquímicos: a ingestão alimentar, o controle do gasto energético e controle do armazenamento de energia. Esses processos são regulados por mecanismos que integram o sistema nervoso central (SNC), neuropeptídeos, hormônios e citocinas e o gasto calórico (Spiegelmanet al., 2001).

1.3.1 – Regulação pelo sistema nervoso central (SNC)

A regulação da ingesta alimentar pelo SNC depende da interação de um componente homeostático que objetiva o equilíbrio entre energia e nutrientes, e um componente hedônico, que busca o prazer associado aos alimentos (Figura 6).

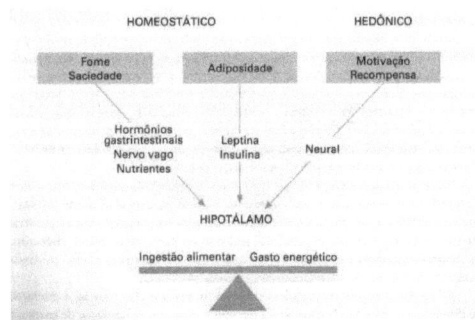

Figura 6 - Controles homeostático e hedônico do balanço energético.
Fonte: Albuquerque et al., 2012

1.3.1 .1– Controle homeostático da ingestão alimentar

O controle homeostático da ingestão depende da sinalização hormonal produzida na periferia em resposta às oscilações dos níveis de nutrientes. Os hormônios leptina e insulina são os principais sinalizadores de adiposidade, e ao alcançarem o SNC desencadeiam mecanismos que promovem a inibição da ingesta e aumento do gasto energético. Já a fome e saciedade são comunicadas ao SNC por hormônios gastrointestinais. No jejum prolongado o estômago produz grelina que atuará no hipotálamo como orexígeno. Após a ingestão alimentar os níveis de grelina caem dando lugar à secreção de hormônios anorexígenos como a colecistocinina, peptídeo YY (PYY) e peptídeo semelhante ao glucagon (GLP1) (Morton et al., 2006; Velloso, 2006).

13

Os alvos principais dos sinalizadores periféricos de adiposidade, fome e saciedade são os neurônios do núcleo arqueado do hipotálamo (ARC). Neste núcleo estão neurônios orexígenos que produzem neuropeptídeo Y (NPY) e proteína relacionada à agouti (AgRP), além dos neurônios anorexígenos que produzem transcrito regulado por cocaína e anfetamina (CART) e pro-opiomelanocortina (POMC) precursora do hormônio melanócito-estimulante alfa (α-MSH) por ação da enzima pró-hormônio convertase 1 (PC1) (Schwartz et al., 2000; Spiegelman et al., 2001). O receptor da melanocortina4 (MC4R) tem um papel importante no intricado controle hipotalâmico do apetite. Quando a leptina se liga ao seu receptor nos neurônios POMC, α MSH é liberado, ativando MC4R e gerando um sinal de saciedade. Já a ligação da AgRP ao MC4R leva a um aumento da ingestão. A leptina ativa os neurônios POMC e inibe os neurônios AgRP (Moisés, 2011). Esquema da interação do controle homeostático da ingestão é mostrado na Figura 7.

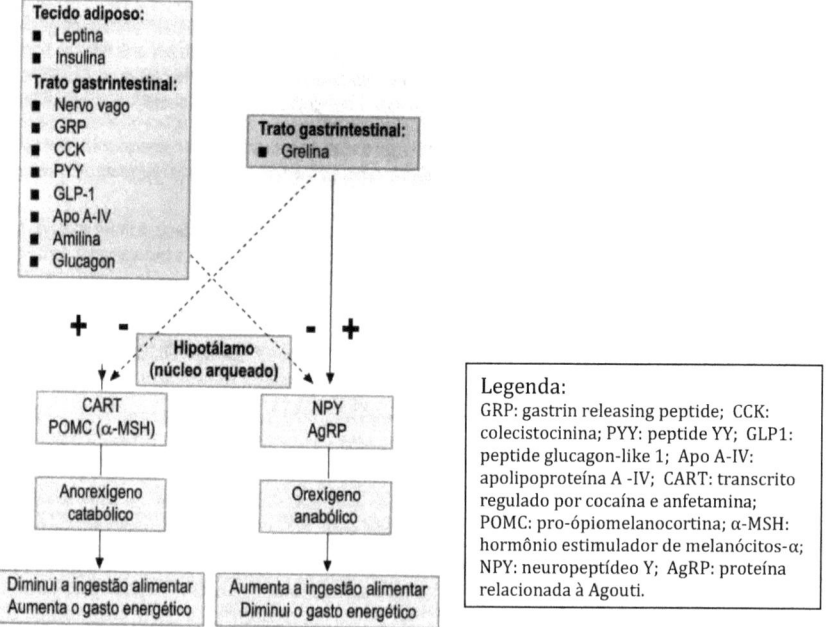

Figura 7 - Regulação homeostática do balanço energético.
Fonte: Angelucci & Mancini, 2011.

1.3.1 .2– Controle hedônico da ingestão alimentar

Em humanos a alimentação tem papel não apenas fisiológico, mas também social e comportamental. O valor hedônico do alimento é influenciado pelo gosto e experiências prévias. (Velloso, 2006). A ingestão de alimentos altamente palatáveis (ricos em açúcar e gorduras) é capaz de "desligar" a regulação homeostática do apetite, perpetuando o estímulo para comer, e neste momento a ingestão passa a ser mediada por necessidades hedônicas e não homeostáticas (Angelucci et al., 2011) . Para que decisões relativas à busca de alimento, início e interrupção da refeição sejam tomadas adequadamente, é necessária uma correta integração entre os sinais hipotalâmicos e centros corticais onde ocorre ação de substâncias que atuam nos mecanismos de motivação e recompensa, como os opióides, endocanabióides, Ácido gama-aminobutírico (GABA), serotonina e dopamina (DA) (Albuquerque et al., 2012) (Figuras 8 e 9).

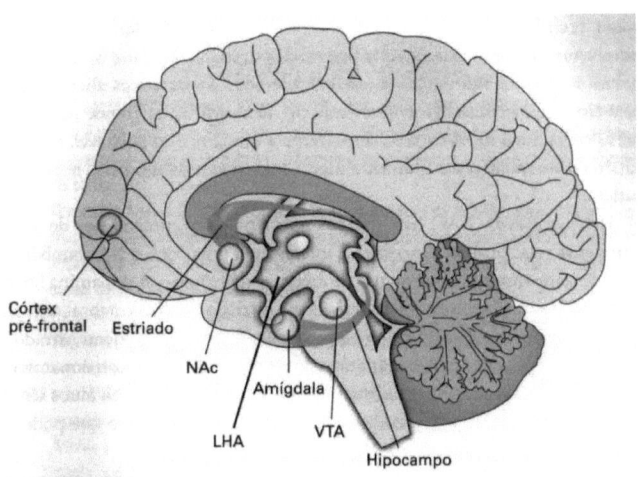

Figura 8 - Estruturas do Sistema Nervoso Central envolvidas no controle da ingestão alimentar.
NAc - Nucleo accubens; LHA - área hipotalâmica lateral; VTA - área tegmentar ventral
Fonte: Albuquerque et al., 2012.

15

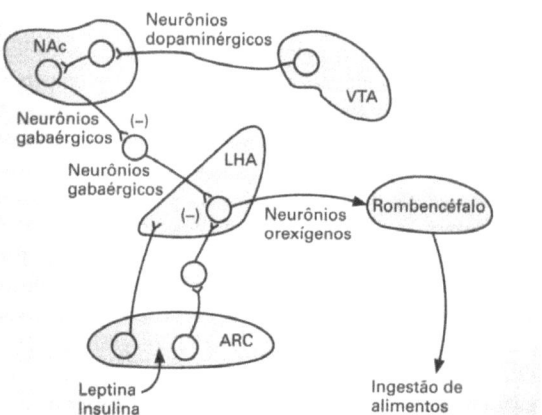

Figura 9 - Modelo de integração entre sinais de adiposidade e de recompensa no hipotálamo. NAc - Nucleo accubens; LHA - área hipotalâmica lateral; VTA - área tegmentar ventral; ARC - Núcleo arqueado.
Fonte: Albuquerque et al., 2012.

Os opióides endógenos como a ß-endorfina, encefalina e dinorfina ativam receptores no Núcleo accubens (NAc) desinibindo os neurônios orexígenos da área hipotalâmica lateral (LHA). Os endocanabióides prejudicam a sinalização da leptina, além de interagirem com os sistemas dopaminérgico e opióide através da ativação dos receptores CB1 que inibem a ação da via da melanocortina (Angelucci et al., 2011; Albuquerque et al., 2012).

A serotonina promove a saciedade por ação direta nos neurônios do ARC, com ativação dos neurônios POMC e inibição dos AgRP, além de inibir neurônios produtores de orexinas na LHA (Albuquerque et al., 2012).

A dopamina (DA) é uma catecolamina precursora da noradrenalina e adrenalina, e é um neurotransmissor endógeno que modula uma série de funções fisiológicas incluindo o comportamento, transporte iônico, tônus vascular e pressão arterial. Diversos estudos experimentais estabeleceram a DA como o principal neurotransmissor do circuito de recompensa (Blum et al, 2012). É atualmente considerada a "molécula do prazer" ou "molécula anti-stress". Fred Previc (2009) criou o conceito de "sociedade dopaminérgica" e teoriza que o aumento dos níveis de DA foi parte de uma adaptação fisiológica geral ao aumento do consumo de carne ocorrido há 2 milhões de anos. A teoria diz que a "sociedade dopaminérgica" é caracterizada por inteligência elevada, senso de destino pessoal, preocupações religiosas/cósmicas e obsessão por atingir metas.

Em relação ao apetite, a DA tem efeitos variáveis dependendo da área cerebral e tipo de receptor estimulado. Tem efeito anorexígeno quando atua no ARC, NAc e LHA, mas age como orexígeno no VMH (Albuquerque et al., 2012). Diversos estudos têm implicado os circuitos cerebrais dopaminérgicos no comportamento alimentar. Pesquisas com animais revelam que o consumo de refeições ricas em açúcar ou gordura leva a liberação de dopamina no NAc (Avena et al., 2008). O consumo de uma refeição saborosa por humanos induz a liberação de dopamina de magnitude proporcional ao grau de prazer da refeição (Small et al., 2003).

1.3.1 .2– Obesidade como parte da "Síndrome da Deficiência de Recompensa" - RDS (do inglês - *Reward Deficiency Syndrome*)

Estruturas e circuitos cortico-limbico-estriado formam o sistema cerebral de recompensa: estímulos muito prazerosos ativam este sistema e levam o indivíduo a buscar reforços positivos de todos os tipos, não apenas alimentos (King, 2013). A cascata de recompensa cerebral se inicia no hipotálamo, onde a serotonina age como neurotransmissor estimulando a liberação de encefalina (uma endorfina cerebral), esta por sua vez inibe os neurônios Gabaérgicos da substância nigra, que por sua vez

17

fazem o ajuste fino da quantidade de DA que será liberada no NAc, o sítio de recompensa cerebral (Blum et. al., 2012.) (figura 10).

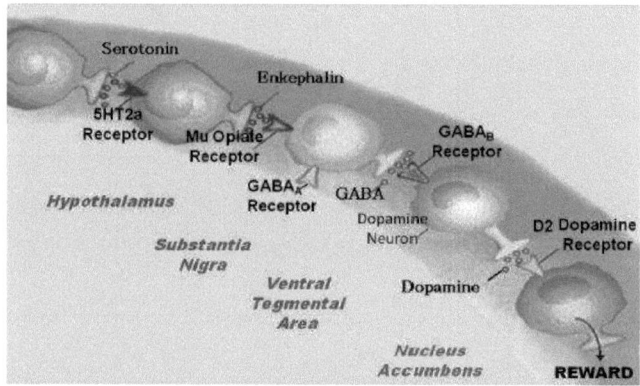

Figura 10 - Interação de vários neurotransmissores constituindo a "Cascata de recompensa cerebral".
Fonte: Blum et al., 2012.

A literatura é rica em estudos que mostram que baixos níveis de DA cerebral conferem maior vulnerabilidade a abuso de substâncias e comportamento aberrante. Sabe-se que todas as drogas aditivas, assim como o jogo, sexo, alimentos e até música levam à liberação de DA no sítio de recompensa cerebral (Blum et al., 2012) . Em 1996 foi cunhado o termo "Síndrome da Deficiência de Recompensa" (RDS - do inglês *reward deficiency syndrome)*, para definir comportamentos associados a estados hipodopaminérgicos que predispõem a comportamentos obsessivos-compulsivos e impulsividade (Blum et al., 1996b). Incluem-se na RDS as seguintes desordens: A) Comportamentos aditivos: alcoolismo, abuso de múltiplas substâncias, obesidade, tabagismo;   B) Comportamentos impulsivos: transtorno de déficit de atenção e hiperatividade (TDAH), S. Tourette, autismo;   C) Comportamentos compulsivos: comportamento sexual aberrante, vício em jogos e apostas;   D) Desordens de personalidade: transtorno de conduta, personalidade anti-social, comportamento agressivo, ansiedade generalizada.

18

1.3.2–Tecido adiposo como órgão endócrino

Durante muitos anos o tecido adiposo foi considerado apenas como local de reserva energética, protetor contra choques e isolante térmico (Trayhurn & Wood, 2004; Goossens et al., 2005; Greenberg et al., 2006). Na última década esta visão foi radicalmente transformada após a descoberta de inúmeras substâncias secretadas pelos adipócitos, as adipocinas, dentre elas hormônios e citocinas inflamatórias (Berg et al., 2005; Trayhurn et al., 2006; Hajer et al., 2008).

As adipocinas atuam em diferentes tecidos e nos próprios adipócitos modulando o comportamento por mecanismos de feedback (Hermsdorff & Monteiro, 2004). As principais adipocinas podem ser divididas em: (Fonseca-Alanizet al., 2007; Ikeoka et al., 2010; Bueno et al., 2012)

A) Adipocinas relacionadas à homeostase energética:

1 - Adiponectina: Secretada principalmente por adipócitos. Níveis séricos estão reduzidos na obesidade e se correlacionam positivamente com a sensibilidade a insulina. É suprimida por TNFα, IL 6, estímulos ß adrenérgicos e glicocorticóides. Induz fosforilação da tirosina do receptor de insulina e reduz a gliconeogênese hepática. Aumenta a oxidação dos ácidos graxos no fígado. Aumenta a sensibilidade à insulina, é antiinflamatório e atenua a progressão da aterosclerose.

2 - Leptina: Estimulada pela insulina, TNF-α e glicocorticóides; suprimida por catecolaminas. Sintetizada e secretada exclusivamente pelos adipócitos. Inibe o apetite e reduz a ingestão alimentar. Reduz a captação de glicose mediada pela insulina. Sinaliza o SNC sobre os estoques corporais de energia

3 - Resistina: Induz disfunção endotelial e pode estar envolvida na gênese da aterosclerose. Aumenta a resistência à insulina.

4 - Visfatina: Reduz a glicemia atuando como um hormônio insulina- like.

5 - Fasting-induced adipose factor: Inibe a ação da lipoprteína lípase no tecido adiposo, levando a redução da captação de triglicerídeos. Exerce papel coadjuvante ao da leptina como molécula sinalizadora do estado nutricional

B) Proteínas de fase aguda

6 – Haptoglobina: Atua como anti-oxidante. Correlação positiva com a adiposidade

7 - Metalotioneína: Propriedades antioxidantes e antigênicas

8 – Amilóide A sérico: Relacionada à aterosclerose e amiloidose secundária

C) Citocinas

9 - TNF-α : Produzido por células inflamatórias, linfócitos, adipócitos e células do estroma. Induz resistência a insulina por inibir a fosforilação da IRS 1 (receptor da insulina 1) e expressão do GLUT 4 (Transportador de glicose tipo 4).

10 - IL 6 : Produzida por células inflamatórias, linfócitos e adipócitos. Inibe a transcrição dos genes do IRS1, GLUT 4 e PPAR gama (receptores ativados por proliferador de peroxissomo) reduzindo a sensibilidade à insulina. Níveis séricos se correlacionam com o peso corporal.

11 - IL 1ß: Papel importante na gênese da aterosclerose

12 - IL 1ß RA: Compete com IL 1ß no sítio do receptor, agindo portanto como mediador anti-inflamatório. Atua na diferenciação de adipócitos, metabolismo lipídico e sensibilidade a insulina.

13 - IL 8: Produzida principalmente por macrófagos, tem propriedade quimiotáxica importante. Níveis séricos são aumentados pela hiperinsulinemia e hiperglicemia. Leva a instabilidade da lesão aterosclerótica.

14 - IL 10: Citocina anti-inflamatória e imuno-moduladora. Promove a sensibilidade à insulina em diversos tecidos. Protege contra a resistência insulínica induzida pela IL 6. Suprime a produção de IL1, IL 6, IL8 e TNFα.

D) Fatores hemostáticos e hemodinâmicos

15 – Fator tecidual: Iniciador da cascata de coagulação. A hiperinsulinemia pode induzir sua produção contribuindo assim para o estado pró-trombótico observado na obesidade

16 – Inibidor do ativador de plasminogênio1: Inibe a ativação do plasminogênio, bloqueando a fibrinólise e aumentando a formação de trombos

17 – Angiotensinogênio: Precursor da angiotensina II, envolvido no aumento da pressão arterial

E) Fatores de crescimento

18 – Fator de crescimento semelhante à insulina: Tem ação parácrina sobre o desenvolvimento do tecido adiposo, estimulando sua diferenciação e proliferação.

19 – Fator de crescimento endotélio vascular: Potente fator angiogênico, importante ação na aterosclerose.

20 – Fator de crescimento transformador ß: Regula a função, a diferenciação e a proliferação de fibroblastos. Potente estimulador da produção de PAI1

F) Quimiocinas

21 - MCP 1- Proteína quimiotáxica de monócitos: Induz RI e esteatose hepática em ratos. Sua expressão é aumentada pelo TNF α.

22 –MIF - Fator inibidor da migração de macrófagos: Atividade pró-inflamatória, protegendo os macrófagos de apoptose e prolongando o processo inflamatório.

Além desta vasta produção de substâncias, o adipócito também expressa diversos receptores hormonais como visto no quadro 3 (adptado de Fonseca-Alaniz, 2007)

Pelo exposto acima não é exagero dizer que o tecido adiposo é o mais importante órgão endócrino do organismo (Damiani, 2007).

Quadro 3 – Receptores hormonais identificados em adipócitos.

Receptor hormonal	Principais efeitos biológicos
Leptina	+ lipólise e oxidação lipídica
Insulina	+ lipogênese e captação de glicose, - lipólise
Glicocorticóides	+ lipólise
Glucagon	+ lipólise
Catecolaminas	+ lipólise
T3 e T4	+ lipólise
Esteróides sexuais	Regulam o desenvolvimento do adipócito
IGF1	+ adipogênese
GH	+ lipólise
Prostaglandinas	- lipólise
TNF α	+ lipólise e resistência a insulina (RI)
IL 6	+ lipólise
Adenosina	- lipólise e + captação de glicose
Adiponectina	+ sensibilidade a insulina
Gastrina	Regula a expressão da leptina
Colecistocina (CCK)	Regula a expressão da leptina
Peptídeo gatro-nibidor (GIP)	+ síntese ácidos graxos livres (AGL)
Peptídeo glucagon like (GLP1)	+ síntese AGL
Angiotensina II	+ lipogênese, RI
Bradicinina	+ sensibilidade a insulina
Fator de crescimento epidermal (EGF)	Regula diferenciação de adipócitos
TGF ß	Bloqueia a diferenciação de adipócitos
Melatonina	Sinergiza ação da insulina

1.3.3 - Tecido adiposo e inflamação

Tanto a obesidade quanto a inflamação sistêmica estão associados às desordens metabólicas componentes da Síndrome Metabólica (diabetes mellitus, hipertensão arterial, dislipidemias) que levam a aterosclerose e elevam o risco das doenças cardiovasculares (Hermsdorff & Monteiro, 2004; Fantuzzi & Mazzone, 2007; Bayset al., 2008). Em 2004 a obesidade foi caracterizada como estado de inflamação crônica de baixa intensidade (Trayhurn& Wood, 2004). A inflamação subclínica pode ser um mecanismo central que liga a obesidade as suas inúmeras complicações sistêmicas (Tam, 2010).

Parece claro que a obesidade leva à inflamação por estimular a expressão e secreção de adipocinas pró-inflamatórias pelo tecido adiposo, mas a relação inversa, ou seja, inflamação induzindo o aumento do peso tem sido sugerida por alguns autores (Das, 2001; Engströmet al., 2003). Das (2001) faz os seguintes questionamentos "Qual é o gatilho da inflamação?" e "A inflamação é causa ou efeito da obesidade?". Da mesma forma, Engströmet e colaboradores (2003) afirmaram ser razoável perguntar quem vem primeiro: a inflamação, a obesidade ou a resistência à insulina?

Um mecanismo proposto para explicar esse fenômeno seria a indução da obesidade a partir de citocinas pró-inflamatórias participantes da regulação da ingestão alimentar, e por outro lado a hipóxia decorrente da expansão do tecido adiposo levaria a liberação de adipocinas inflamatórias, criando um ciclo vicioso entre inflamação e obesidade. (Oliveira &Bressan, 2010)

A observação da *Drosophila sp.* pode ser a chave para se entender a conexão entre o sistema imune e o metabólico. A mosca possui uma estrutura chamada corpo gorduroso que é responsável pelo fornecimento de energia e pela defesa contra micro-organismos invasores. Durante a evolução houve uma especialização dos tecidos, com separação do tecido adiposo e imune, porém parece persistir uma espécie de "memória ancestral" (Carvalho Filho et al., 2011).

Existe uma grande sobreposição de funções dos macrófagos e adipócitos na obesidade. A expressão de genes nesses dois tipos celulares é muito semelhante, e suas funções também podem se coordenar: no processo da aterosclerose os macrófagos se transformam em células espumosas ao captarem e armazenarem gordura; e os pré-adipócitos podem ter atividade fagocítica e antimicrobiana (Prada & Saad, 2009).

Além das citocinas, outro elo entre os sistemas imune e metabólico é uma família de proteínas de membrana chamada Toll-like receptors (TLRs). Os TLRs são capazes de iniciar a resposta imune após o reconhecimento dos polissacarídeos presentes na parede de bactérias gram- negativas. O tecido adiposo hipertrofiado do obeso é suscetível à lipólise com liberação de ácidos graxos que podem ativar os TLRs (Carvalho Filho et al. , 2010). Estudos recentes indicam que o TLR tipo 4 pode promover o link molecular entre obesidade, inflamação e resistência a insulina (Weyrich et al., 2010)

1.4–Fatores genéticos

A obesidade comum também chamada de exógena é uma doença complexa de etiologia multifatorial, sendo as síndromes genéticas pleiotrópicas, e doenças monogênicas responsáveis por apenas 1% dos casos (Damiani, 2007; Sabin et al., 2011). As formas mais comuns de obesidade monogênica são devido a mutações em genes relacionados ao sistema hipotalâmico de controle do balanço energético leptina-melanocortina- como as deficiências de: leptina, receptor de leptina, POMC, MCR4 e PC1 - ou mutações em genes que afetam o desenvolvimento do hipotálamo (Moisés, 2011). A obesidade pode ser um componente central de diversas síndromes

25

pleiotrópicas como as síndromes de: Alstrom, Albright, Pader –Willi, Bardet-Biedel, X Frágil, dentre outras (Sabin, 2011).

No caso de doenças complexas como a obesidade comum, é necessário que a genética encontre um ambiente favorável para o aparecimento do fenótipo. A hipótese do "genótipo poupador" descrita por Neel em 1962 (Neel, 1962) propõe que variantes genéticas que levam a maior capacidade de estocar energia foram positivamente selecionadas em tempos de privação alimentar. Acredita-se que ao longo de milhares de anos esse "genótipo poupador" se perpetuou e foi essencial na evolução da humanidade. Postula-se que esses genes sejam responsáveis por: grande capacidade de acumular energia em forma de adiposidade, capacidade de poupar energia em períodos críticos, habilidade de "desligar" passagens metabólicas não essenciais e capacidade de ingerir grande quantidade de alimento sempre que este estiver disponível (Carvalho Filho, 2011). Esses mesmos polimorfismos são desvantajosos na sociedade moderna, com fácil acesso a alimentos e baixo gasto calórico, explicando a atual epidemia de obesidade.

Em 2007 Speakman publicou a "teoria da libertação do predador" complementar a teoria do "genótipo poupador" (Speakman, 2007). Fundamentado em evidências antropológicas e epidemiológicas, rastreamento genético e pesquisas experimentais, a teoria postula que a maior destreza característica dos indivíduos magros selecionou os indivíduos melhor adaptados para a busca de alimentos e fuga dos predadores; até que com a descoberta do fogo no período paleolítico, houve um significativo aumento do peso corporal ao longo dos tempos. A teoria atribui esse aumento do peso não apenas pela capacidade de cozimento e palatabilidade dos alimentos, mas fundamentalmente por o fogo manter afastados os principais predadores, reduzindo o gasto energético. A teoria sugere que a rede genética inicial responsável por características de baixo peso e alto desempenho corporal tenha sido suprimida e perdida ao longo dos milênios (Carvalho Filho et al., 2011).

As formas comuns de obesidade resultam da interação entre variantes em vários genes e um ambiente favorável. De uma forma geral, muitos estudos sugerem um forte componente genético na obesidade humana (Bouchard et al., 1998; Rankinen et al., 2002; Hainer et al., 2008). Estes trabalhos mostram que em resposta a dietas de baixo valor calórico, alguns indivíduos perdem peso mais facilmente que outros; e que aqueles com o mesmo genótipo respondem de maneira similar quando expostos a mesma dieta. Estudos realizados em gêmeos mostram que a hereditariedade é responsável por 40 a 70% na variação inter-individual nos casos de obesidade comum (Böttcher et al. 2011). As diferenças entre indivíduos e suas predisposições ao ganho de peso indicam que variações comuns da seqüência do DNA genômico, denominadas polimorfismos, podem ser responsáveis pelo ganho de peso (Bell et al., 2005; Walley et al., 2009). Entretanto, apesar de sua grande relevância, a busca pelos genes que elevam o risco para a obesidade não tem sido fácil (Böttcher et al., 2011; Loos, 2009). Ainda é um desafio para a comunidade científica separar o componente genético do ambiental na etiologia da obesidade.

A natureza poligênica da obesidade comum torna a descoberta de genes de risco e suas variantes uma tarefa desafiadora. Diferentes abordagens foram desenvolvidas para se elucidar o componente genético da obesidade: 1) GWLS (do inglês *genome -wide linkage study*) - estudo de co-segregação de certas regiões cromossômicas com um traço ou doença (Loos, 2009), 2) análise de genes candidatos envolvidos em vias fisiológicas plausíveis; 3) GWAS (do inglês *genome-wide associaion study*) – rastreamento de marcadores em todo o genoma para identificação de polimorfismos associados (Böttcher, 2011).

Saunders e colaboradores (2007), após realizarem meta-análise de 37 estudos de GWLS concluíram que esta não é uma abordagem efetiva para se identificar variantes genéticas para a obesidade comum, já que não localizaram nenhum lócus com evidencia convincente.

27

Estudos de associação de genes candidatos objetivam identificar a relação entre um ou mais polimorfismos e um fenótipo. No caso da obesidade tem-se estudado genes envolvidos na regulação da ingestão alimentar, gasto energético, metabolismo lipídico e da glicose e desenvolvimento do tecido adiposo. Genes descritos nas formas monogênicas de obesidade têm sido investigados quanto a uma possível participação na gênese da obesidade comum (Moisés, 2011). Entretanto a replicação dos resultados da maioria dos trabalhos tem sido inconsistente, portanto, as conclusões dos estudos de genes candidatos permanecem obscuras (Shetty & Shantaram, 2014).

Em estudos de GWAS diferentemente da abordagem pelo gene candidato, não há a pressuposição da função do gene a ser investigado. Esses estudos se baseiam na associação de vários marcadores, geralmente SNIPs (do inglês - *single nucleotide polymorphism*). Essa abordagem é particularmente útil em doenças comuns complexas como obesidade e diabetes (Moisés, 2011).

A última atualização do "Mapa Genético da Obesidade Humana"- HOGM (do inglês *Human Obesity Gene Map*) realizada por Rankien e colaboradores (2006) associa a obesidade a 253 loci após análise de 61 estudos de GWAS. O número de associações entre SNPs e obesidade conta com 127 genes candidatos descritos, sendo que destes, 22 genes são amparados por mais de 5 estudos. O mapa mostra loci em todos os cromossomos, exceto o Y.

A recente meta-análise do Consórcio GIANT realizado em adultos (Speliotes et al., 2010) estabeleceu 32 loci de suscetibilidade para IMC, vários dos quais foram confirmados em crianças francesas e germânicas com obesidade grave (Comuzzie et al., 2012).

Especificamente para a obesidade de início na infância, estudos demonstram que a hereditariedade é um fator importante (Demerath, 2007; Griffith, 2007). O maior estudo sobre a genética da obesidade infantil foi recentemente publicado na revista Nature Genetics: foram avaliados 5530 casos e 8318 controles através da análise de 14 trabalhos científicos, que mostrou definitivamente a forte influência genética para o desenvolvimento da obesidade infantil. Abrem-se novas oportunidades para a investigação da obesidade de início precoce e vislumbra-se que no futuro as crianças sofrerão intervenções de prevenção e tratamento a partir de seus genomas (Bradfield, 2012).

Nesta pesquisa, dois SNPs foram estudados para avaliar a associação com a obesidade infantil. Foram escolhidos os genes do receptor tipo 2 da dopamina (DRD2)e o gene da citocina TNF-α. Estes genes foram selecionados como candidatos putativamente associados à obesidade de início na infância, com base nos relatos previamente publicados na literatura internacional.

A) Polimorfismo G308A do Fator de necrose tumoral α (TNF-α)

O gene do TNF-α está localizado no complexo maior de histocompatibilidade II em 6p21.1-p21.3. Este gene está incluído no HOGM amparado por 11 estudos de genes candidatos, nenhum realizado com crianças (Rankien, 2006). O SNP G308A na região promotora do gene está associado a um aumento da secreção do TNF-α e associação com diabetes mellitus tipo 2 (DM2) em diferentes populações (Kubaszek, 2003; Boraska, 2010). A substituição de G-A na posição 308 no sítio de iniciação de transcrição na região promotora do gene foi identificada inicialmente por Wilson e colaboradores (1992). Alguns estudos têm indicado um papel fundamental deste SNP na patogênese de vários componentes da síndrome metabólica e resistência à insulina (Sookoian et al., 2005). Vários estudos de associação têm sido realizados sobre a variante G308A, com resultados conflitantes. Fernandez-Real e colaboradores (1997) relataram uma associação significativa entre a variante G308A e a sensibilidade à insulina, aumento do IMC e aumento da produção de leptina, sugerindo um papel importante na superalimentação e obesidade.

29

B) Polimorfismo TaqIA do gene do receptor D2 de dopamina

O gene DRD2 está localizado em 11q22-q23 com tamanho aproximado de 66.097 pb. Este gene codifica o subtipo D2 do receptor de dopamina, uma proteína transmembrana, que se acopla à proteína G e inibe a atividade da adenilato-ciclase. Por um mecanismo de *splicing* alternativo, o gene DRD2 codifica para duas isoformas protéicas molecularmente distintas – D2S e D2L – que são co-expressas, embora haja um favorecimento da produção de D2L. As duas isoformas diferem entre si pela presença de 29 aminoácidos adicionais na D2L (Picetti et al., 1997). As duas formas do receptor D2 têm funções fisiológicas distintas. D2L atua principalmente nas regiões pós-sinápticas enquanto D2S participa com uma função auto-receptora pré-sináptica (Usielo et al., 2000). Este gene foi incluído no HOGM amparado por 5 estudos de genes candidatos, nenhum tendo incluído a avaliação de crianças (Rankien et al., 2006).

DRD2 é um gene altamente polimórfico e, portanto, existem diversos SNPs descritos para o gene (Figura 11). No entanto, muita atenção tem sido dedicada ao SNP C32806T, caracterizado por uma transição C→T localizada numa região não codificante do lócus DRD2, que parece afetar a disponibilidade do receptor D2, e seu alelo A1(T) está potencialmente associado a uma taxa metabólica de glicose reduzida nas regiões dopaminérgicas do cérebro humano. O SNP C32806T está localizado no domínio de quinase em um região repetitiva no gene ANKK1 (anquirina), localizado em 11q23.1, a jusante (downstream) do gene DRD2 (Neville et al., 2004).

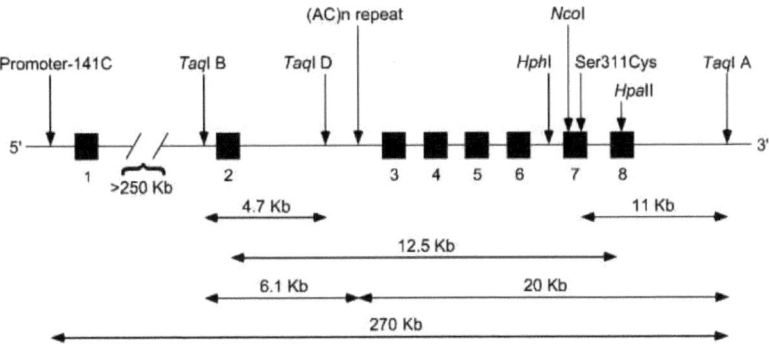

Figura 11 - Gene do DRD2 humano com localização dos polimorfismos mais estudados. Caixas representam exons e linhas representam introns.
Fonte: Noble, 2003.

Variações nos receptores dopaminérgicos e na liberação de dopamina estão envolvidas na superalimentação e obesidade. Ratos com redução dos receptores D2 de dopamina ao se exporem a dieta rica em gordura ganham mais peso do que os ratos com densidade normal dos receptores D2 (Huang et al., 2006). Estudos sugerem que obesos possam ter uma diminuição da disponibilidade de dopamina por um mecanismo de *downregulation* dos receptores dopaminérgicos D2 do estriado (Wang et al., 2001). Drogas que bloqueiam os receptores D2 aumentam o apetite, já as drogas que aumentam a concentração central de dopamina têm efeito anorexígeno (Wang et al. 2001).

Vários estudos realizados em adultos sugerem que aumentos de massa corporal estão associados com o alelo A1 do gene DRD2 (Blum et al., 1996; Nisoli et al., 2007; Chen et al., 2012), além de mutações neste gene também terem sido associadas à esquizofrenia e alcoolismo (Kukretiet al., 2005; Nisoliet al., 2007). Em estudos de tomografia por emissão de pósitrons, o alelo A1 se mostrou associado à menor densidade de DRD2 (Jönsson et al., 1999) e com redução do metabolismo de glicose em regiões dopaminérgicas do cérebro humano (Noble et al., 1997). Todos os componentes da RDS, incluindo a obesidade, foram relacionados à baixa função dopaminérgica devido a uma associação com a presença do alelo A1 do gene DRD2 (Blum et al. 2012, 1996a e 1996b).

2 - HIPÓTESE

Os polimorfismos TaqIA C32806T no gene DRD2 e G308A no gene TNF-α conferem maior suscetibilidade ao desenvolvimento de obesidade na infância (OI).

3- OBJETIVOS

3.1 – Objetivo geral

Investigar a relação entre obesidade de início na infância e os polimorfismos TaqIA do gene *DRD2* e G-308A do gene *TNF-α*.

3.2 – Objetivos específicos

Correlacionar os polimorfismos estudados com os seguintes parâmetros:
a) IMC dos pais
b) Lipidograma das crianças
c) Índices HOMA IR e HOMA ß das crianças

4 – METODOLOGIA

4.1 -Delineamento do estudo

Trata-se de um estudo tipo Caso Controle, desenhado para investigar a potencial relação entre a obesidade, dislipidemia e resistência insulínicas de início na infância e os polimorfismos genéticos estudados. Este é um estudo molecular, que foi conduzido no LaGene - Laboratório de Citogenética Humana e Genética Molecular da Secretaria de Saúde do Estado de Goiás(LaGene/Lacen/SES-GO) e no NPR-Núcleo de Pesquisas Replicon (PUC-GO), em conjunto com o Hospital da Criança - Consultório de Endocrinologia Infantil e Laboratório Núcleo.

4.2 - Grupo amostral

Participaram do estudo 105 crianças e adolescentes com idades entre 5 e 16 anos que procuraram o consultório de endocrinologia pediátrica do Hospital da Criança. As crianças foram divididas em dois grupos: obesos (55 indivíduos) e eutróficos/grupo controle (50 indivíduos).

Foram considerados critérios de exclusão: sobrepeso, desnutrição, doenças crônicas graves, presença de síndromes genéticas, patologias cujo tratamento empregue medicações que sabidamente alterem o peso (glicocorticóides, Hormônio de crescimento, insulina, análogos do GnRH, etc.)

O diagnóstico do estado nutricional foi baseado no Índice de Massa Corporal (IMC) com interpretação de acordo com os valores de referência propostos pela OMS (WHO, 1995) conforme mostrado na Tabela 2.

A antropometria restrita a peso e estatura com conseqüente cálculo do IMC não fornece a composição corporal, porém, devido à facilidade de realização, objetividade da medida e possibilidade de comparação com um padrão de referência relativamente simples, assume grande importância tanto em estudos populacionais quanto na prática clínica (WHO, 1995; Sotelo, 2004).

Todos os pais e/ou responsáveis foram entrevistados e assinaram o termo de consentimento livre e esclarecido (TCLE – vide Apêndice A) para a participação no estudo e a utilização dos dados para pesquisa. O acompanhante responsável durante a consulta respondeu a questionário sobre os hábitos de vida da criança e família (alimentação, nível de exercício físico), presença de doenças relacionadas à obesidade (Diabetes mellitus, Hipertensão arterial, dislipidemia, IAM e AVC), e informou a altura dos pais biológicos e peso máximo que cada genitor já apresentou, excluindo período da gravidez materna, para cálculo de IMC máximo dos pais. Em alguns casos de adoção e ausência de genitor não foi possível coletar as informações referentes aos pais.

Todos os participantes foram avaliados, pessoalmente, pela pesquisadora. As crianças foram submetidas a exame clínico minucioso. Os dados antropométricos (Peso e altura) foram digitados na plataforma Anthro Plus da OMS disponível em http://www.who.int/childgrowth/software/en/. A plataforma executou o cálculo do IMC em número absoluto e em Escore Z de acordo com idade e sexo de cada criança.

Foi realizada avaliação bioquímica com determinação do lipidograma, glicemia de jejum e insulina e cálculo dos índices HOMA IR e HOMA ß.

Os valores de referência da glicemia de jejum (em mg/dl) não diferem entre crianças e adultos, sendo considerados normais valores entre 60 e 100, pré diabetes entre 101 e 125 e diabetes ≥ 126. A insulinemia de jejum (em mUI/ml) é considerada normal de 2,5 a 25 em adultos e até 15 em crianças (Araz et al., 2012)

O quadro 4 mostra os valores de referência propostos para os lípides séricos na

34

faixa etária de 2 a 19 anos de acordo com a I Diretriz de Prevenção da Aterosclerose na infância e adolescência.

Quadro 4. Valores de referência do lipidograma para indivíduos entre 2 e 19 anos de acordo com a I Diretriz de Prevenção da Aterosclerose na infância e adolescência.

Lipides	Desejáveis (mg/dl)	Limítrofes (mg/dl)	Aumentados (mg/dl)
CT	< 150	150-169	≥ 170
LDL-C	<100	100-129	≥ 130
HDL-C	≥ 45		
TG	< 100	100-129	≥ 130

O **HOMA** (do inglês - *Homeostatic Model Assessment*; em português - Modelo de avaliação da Homeostase) é um método utilizado para quantificar a resistência à insulina (IR do inglês *Insulin Resistance*) e a função das células beta do pâncreas (ß). Após a determinação da glicemia e insulinemia ambas em jejum foram efetuados os seguintes cálculos:

HOMA IR = Insulina jejum (µUI/mL) x Glicose jejum (mmol/L) / 22,5

(Valor de referência ≤ 3,4)

HOMA ß = 20 x Insulina jejum (µUI/mL) / Glicose jejum (mmol/L) – 3,5

(Valor de referência entre 167-175)

Glicose em mmol/L = Glicose em mg/dl dividido por 18.

(Matthews, 1985)

4.3 - Amostras biológicas

Amostras de sangue periférico heparinizado foram obtidas dos participantes no Laboratório Núcleo. A coleta foi feita mediante venipunção de 5mL de sangue periférico no antebraço, seguindo-se os critérios, cuidados e procedimentos operacionais padronizados internacionalmente para a coleta de sangue venoso em crianças.

4.4 - Extração, isolamento e quantificação do DNA

O DNA genômico foi purificado a partir de 300 μL do sangue total usando-se um kit comercial de extração de DNA (Easy®DNA Purification Kit, Invitrogen, EUA), de acordo com as instruções do fabricante. A concentração de DNA foi estimada em cada amostra mediante a quantificação do DNA no equipamento NanoVue ®.

4.5 - Avaliação dos polimorfismos

4.5.1 - Reação em cadeia da polimerase - PCR (do inglês: *Polymerase Chain Reaction*)

A PCR está baseada na replicação enzimática *in vitro* de uma seqüência específica de DNA. Uma fita simples de DNA é usada como molde para a ação da enzima DNA polimerase (Taq-polimerase proveniente da bactéria *Thermus aquaticus*). A replicação exponencial de cópias da seqüência alvo é capaz de amplificar bilhões de vezes e em poucas horas uma molécula de DNA. Essa técnica revolucionária foi descrita por Kary Mullis nos anos 80 (Mullis, 1987) e lhe rendeu o Nobel de química em 1993.

São necessárias seqüências iniciadoras para que a enzima se apóie e inicie a síntese da nova fita. Esses iniciadores, também denominados *primers* ou oligonucleotídeos, são seqüencias de DNA em fita simples sintetizadas em laboratório com aproximadamente 18 a 25 bases. Possuem complementariedade com os segmentos que flanqueiam a seqüência da fita molde que será amplificada. Na reação de PCR são utilizados dois *primers*, sendo um complementar a fita senso (*primer 5'*ou senso) e outro complementar a fita *reverse* (*primer 3'*ou antisenso). Assim, além de iniciadores, os *primers* delimitam a região a ser amplificada (Verlengia, 2013; Farah, 2007)

Para que ocorra a reação são necessários: DNA teste, *primers*, a enzima DNA polimerase, desoxirribonucleotídeos trifosfato (dATP, dCTP, dGTP e dTTP) e solução tampão de magnésio.

A técnica consiste de ciclos repetidos de Desnaturação, Anelamento e Extensão:

A) Desnaturação

A desnaturação do DNA se dá por elevação da temperatura, de forma a converter o DNA de fita dupla em fita simples. A reação é submetida a 94°C por 30 segundos

B) Anelamento

Redução da temperatura para 50- 65°C para permitir que os *primers* reconheçam a seqüencia alvo e se anelem a ela.

C) Extensão

Para a síntese de uma nova cadeia, a reação é submetida à temperatura ideal de ação da DNA polimerase: 72°C. O tempo de extensão é de1 minuto para cada quilobase que deve ser amplificado.

As 3 etapas descritas se repetem de forma cíclica (25 a 40 ciclos), e como cada molécula recém-sintetizada serve de molde para o próximo ciclo o produto aumenta de forma exponencial. Em condições ótimas de reação uma única molécula de DNA alvo pode gerar 10^7 moléculas de *amplicons* (produtos da PCR) após 35 ciclos (Verlengia, 2013; Cerutti, 2013.)

4.5.2 - Polimorfismo no tamanho dos fragmentos de restrição -RFLP (do inglês, *Restriction Fragment Length Polymorphisms*)

A técnica de PCR- RFLP consiste em uma PCR seguida por reação de digestão com enzimas de restrição para a detecção de polimorfismos. As enzimas de restrição reconhecem seqüencias específicas de bases do DNA em fita dupla e clivam essas seqüencias em ambas as fitas. A alteração de um par de bases na seqüencia de reconhecimento pode criar ou abolir um sítio de restrição, e assim quando esse DNA polimórfico é submetido ao corte pelas enzimas, haverá geração de fragmentos de tamanhos diferentes do que os obtidos com o DNA "padrão". O resultado da digestão é avaliado por eletroforese em gel.

Para avaliar o polimorfismo do gene DRD2 foi utilizada a estratégia de PCR-RFLP, empregando-se a enzima de restrição TaqIA cujo sítio de corte contém um SNP C/T (C32806T), seguindo-se a metodologia proposta por Behravan e colaboradores (2008). A variante TaqIA do gene DRD2 foi identificada, usando-se os *primers* MP3 (5'- ACCCTTCCTGAGTGTCATCA-3') e MP4 (5'-ACGGCTGGCCAAGTTGTCTA-3'), que produzem um *amplicom* de aproximadamente 310 pb.

As reações de PCR foram preparadas para um volume final de 50 μL, contendo 100 ng de DNA genômico. As reações foram preparadas com 2 mM $MgCl_2$, 50 mM KCl, 15 mM Tris-HCl (pH 8.4), 10 pmol de cada um dos oligonucleotídeos iniciadores, 0.2 mM de cada dNTPs e 1 U de Taq DNA polimerase (Promega Coorporation, EUA). O protocolo de termociclagem usado para a identificação do SNP associado ao gene DRD2 encontra-se descrito na Tabela 1.

Tabela 1. Protocolo de termociclagem para a amplificação do SNP C/T (C32806T) do gene DRD2 para a investigar sua associação com OI.

Etapas	Temperatura e Tempo	No. de ciclos
Desnaturação Inicial	95°C por 3 min	1
Desnaturação	95°C por 30 seg	
Anelamento	58°C por 30 seg	30
Extensão	72°C por 60 seg	
Extensão final	72° por 5 min	1

Os produtos de amplificação foram separados por eletroforese em um gel de agarose a 1,5% sob um campo elétrico constante de 10 V/cm. O gel foi corado com brometo de etídio (0,5 mg/mL) e o DNA foi visualizado em um sistema de vídeo-documentação usando-se luz UV.

Em seguida, foi feita a restrição enzimática utilizando um volume final de 25 µL, contendo 8 µL do produto da PCR, 2,5 µL do tampão enzimático, 1 unidade da enzima TaqIA. O sistema permaneceu por 1 hora a 65°C em banho-maria. Os produtos da restrição foram observados após eletroforese em campo elétrico constante de 10 V/cm, usando um gel de agarose a 1,5% corado com brometo de etídio (0,5 mg/mL). A restrição enzimática dos amplicons com TaqIA resulta em dois fragmentos, um de 130 pb e outro de 180 pb.

Os indivíduos com genótipo A1/A1 (TT) não possuem o sítio para a enzima de restrição Taq1A produzindo apenas fragmentos não digeridos de 310pb. Os indivíduos com genótipos A2/A2 (CC), após a ação da enzima de restrição Taq1A produzem dois fragmentos, um com 130pb e outro com 180pb. Por último, os indivíduos com genótipos heterozigotos A1/A2 (TC) exibem três fragmentos, sendo um de 310pb, outro de 180pb e um de 130pb.

4.5.3 - Sistema de amplificação refratário a mutações - ARMS-PCR (do inglês, *Amplification Refractory Mutation System*)

Para avaliar o polimorfismo G308A no gene TNF-α foi utilizada estratégia de ARMS-PCR, inicialmente descrita por Newton e colaboradores (1989), seguindo-se o protocolo descrito por Kamali-Sarvestani e colaboradores (2007), com modificações. ARMS-PCR permite a identificação, em geral, de qualquer mutação de ponto ou pequena deleção conhecidos. Para a detecção do SNP são conduzidas duas reações complementares, uma contendo um *primer* ARMS específico para a seqüência selvagem do DNA, incapaz de amplificar o alelo mutante. A outra reação usa um *primer* específico para a seqüência contendo a mutação, impedindo a amplificação do DNA tipo-selvagem. A determinação dos genótipos é feita mediante a comparação dos produtos da amplificação.

Os *primers* da ARMS-PCR usados para identificar o SNP associado ao gene TNF-α encontram-se descritos na Tabela 2. Como controle interno da reação, foram usados os oligonucleotídeos iniciadores para o gene da β globina humana (Tabela 2). Os amplicons foram gerados mediante amplificação com P3 e TNFA1 para identificação do alelo contendo G ou com P3 e TNFA2 para a amplificação do alelo contendo A. Os *primers* diferem apenas no nucleotídeo terminal da extremidade 3', erro de pareamento nesta extremidade impedem a extensão e a amplificação do DNA alvo não ocorre. As reações amplificaram um DNA alvo que permitia a identificação dos genótipos homozigotos GG e AA e heterozigotos AG (Tabela 3).

Tabela 2. Sequência de oligonucleotídeos iniciadores usados para identificar o SNP G-308A presente no gene TNF-α, resultante de uma transição G → A, e para o controle interno da reação, que teve como alvo o gene da β Globina.

Primers	Posição	Sequência
P3 (primer 3')	-144/-164	5'- TCTCGGTTTCTTCTCCATCG-3'
TNFA1	-328/-308G	5'- ATAGGTTTTGAGGGGCATGA-3'
TNFA2	-320/-308A	5'- ATAGGTTTTGAGGGGCATGG -3'
β Globina F	-	5'- ACACAACTGTGTTCACTAGC -3'
β Globina R	-	5'-CAACTTCATCCACGTTCACC -3'

Tabela 3. Protocolo de termociclagem para a amplificação do SNP G-308A presente no gene TNF-α para a investigar associação com OI.

Etapas	Temperatura e Tempo	No. de ciclos
Desnaturação Inicial	95°C por 5 min	1
Desnaturação	95°C por 90 seg	
Anelamento	61°C por 150 seg	31
Extensão	72°C por 60 seg	
Extensão final	72° por 10 min	1

Os produtos da PCR foram separados por eletroforese em um gel de agarose a 1,5% sob um campo elétrico constante de 10 V/cm. O gel foi corado com brometo de etídio (0,5 mg/ml) e o DNA foi visualizado em um sistema de vídeo-documentação usando-se luz UV.

4.6 - Determinação das taxas plasmáticas de CT, HDL, LDL, TG, glicose e insulina

As dosagens bioquímicas foram realizadas conforme os procedimentos operacionais padronizados para estes tipos de análises e conduzidas na sessão de patologia clínica do Laboratório Núcleo.

4.7- Análise estatística

Os níveis sanguíneos de CT, HDL, LDL, TG, glicose e insulina, índices HOMA IR e HOMA ß, IMC dos pais e Z escore do IMC (Z-IMC) da criança foram correlacionados com os polimorfismos genéticos estudados, com a utilização do programa SPSS *Statistics* 17.0.

Nessas análises foi verificado se a presença dos polimorfismos é mais prevalente no grupo obeso do que no grupo controle e se a presença desses SNPs está associada a alterações nos perfis bioquímicos. As análises incluíram teste do X^2, cálculo de Risco Relativo e ANOVA (do inglês, *Analysis of Variance*) . Todos os testes foram conduzidos com nível de significância de $p \leq 0,05$ e intervalo de confiança de 95%.

5 - RESULTADOS DISCUTIDOS

5.1 - Características clínicas

No presente estudo foram avaliadas 105 crianças, sendo 55 (52,4%) obesas e 50 (47,6%)eutróficas. Os dois grupos foram semelhantes em relação à idade e distribuição de sexo. Nos pacientes obesos, 28 (50,9%) foram do sexo feminino e 27 (49,1%) do sexo masculino, e nos eutróficos 27(54%)foram do sexo feminino e 23 (46%) do sexo masculino O grupo obeso apresentou valores estatisticamente distintos de: peso, altura, Z-IMC, IMC da mãe, IMC do pai, insulina, HOMA IR e HOMA ß e HDL (Tabela 4).

Tabela 4 - Parâmetros clínicos e bioquímicos observados nos grupos: Obeso e Eutrófico.

| Variáveis | Grupo de Obesos | | Grupo de Eutróficos | | |
	Média	DP	Média	DP	Valor de p
Idade	9,6	1,8	10,2	2,3	0,194
Peso	56,6	15,6	30,2	7,6	< 0,0001*
Altura	142,5	10,2	135,5	12,9	0,013*
Z IMC	3,19	0,9	- 0,6	0,6	< 0,0001*
IMC Mãe	29,2	5,3	23,46	2,6	< 0,0001*
IMC Pai	31,88	4,6	26,18	2,9	< 0,0001*
Glicemia	84,82	5,2	86,02	5,7	0,362
Insulina	12,44	5,8	6,37	2,4	< 0,0001*
Homa IR	2,64	1,3	1,36	0,5	< 0,0001*
Homa ß	212,23	96,5	107,34	43,7	< 0,0001*
CT	167,05	24,3	165,7	19,7	0,809
HDL	40,44	5,7	48,98	8,4	< 0,0001*
LDL	109,62	20,9	101,2	18,4	0,101
TG	86,73	31,0	80,06	29,4	0,388
Total	55 (100)		50 (100)		

A diferença significativa de peso e Z-IMC é esperada e é própria da definição de cada grupo; já a maior estatura observada no grupo obeso está de acordo com achados clínicos habituais neste grupo de crianças, fato que é confirmado por estudos clínicos que demonstram que as crianças obesas são mais altas que seus pares de mesma idade. Porém, como possuem uma maturação óssea acelerada, o seu crescimento se dá por um período menor de tempo, não levando a alterações da estatura final adulta (Metcalf et al., 2011).

A presença de níveis mais elevados de IMC dos pais das crianças obesas corrobora com os estudos que indicam um forte componente genético na obesidade humana (Bouchard et al., 1998; Rankinen et al., 2002; Hainer et al., 2008). Além do fator genético, essas crianças convivem no mesmo ambiente da sua família biológica (com exceção de duas), e portanto, estão expostas ao estilo de vida da mesma. Sabe-se que a criança que tem ambos os pais obesos apresenta 80% de chance de ser obesa, 50% quando um dos genitores é obeso e 9% quando os pais não são obesos (Fisberg et al., 2007). Vale ressaltar que a média de IMC dos pais está acima do normal em ambos os grupos. O grupo de crianças eutróficas tem com pais com sobrepeso, fato consistente com o avanço do sobrepeso e obesidade na população brasileira adulta, chegando a 48% das mulheres e 50% dos homens (IBGE, 2010).

Os dois grupos apresentaram níveis semelhantes de glicemia, o grupo obeso, entretanto, mostrou níveis mais elevados de insulina, HOMA IR e HOMA ß. Essas alterações na sensibilidade insulínica e na secreção de célula beta pancreática são atribuídas à obesidade per si, que é um importante fator de risco para o desenvolvimento de DM2. O agravamento da situação de mau funcionamento pancreático relacionado à obesidade evolui com DM2 (Field, 2001; Jaeger et al., 2008).

O achado de HDL mais baixo no grupo obeso também é esperado, já que é comum a presença de fatores de risco para doença cardiovascular em crianças obesas (Amemiya, 2007).

5.2- Análise do polimorfismo G308A do gene do fator de necrose tumoral alfa (TNF-α)

Todos os pacientes, obesos e eutróficos, foram heterozigotos para o polimorfismo G-308A do gene do fator de necrose tumoral alfa (TNF-α) Figura 12.

Dois estudos foram realizados por nosso grupo, com resultados diversos. Uma coorte retrospectiva realizada com 26 pacientes adultos também encontrou apenas o genótipo heterozigoto (Brito et al., 2011); já um estudo de caso controle contando com 27 crianças observou os 3 genótipos, sendo a freqüência de heterozigoto de 19% nas crianças obesas e 27% nas eutróficas, sem diferença estatística significante (Suzuki e da Silva, 2012).

L

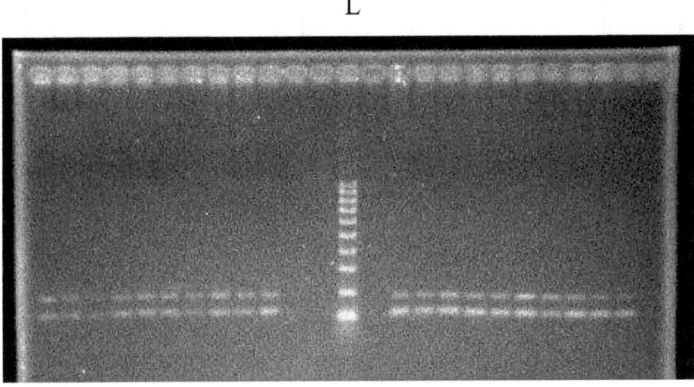

Figura 12. Perfil ARMS-PCR dos genótipos para SNP G-308A no gene *TNF-α*. A Canaleta L contem o marcador de peso molecular de 100pb. As outras canaletas contém o genótipo AG de alguns pacientes

5.3- Análise do polimorfismo TaqIA C32806T do gene DRD2

Para o gene do receptor D2 de dopamina foram encontrados os alelos A1 e A2, resultando nos genótipos A1A1 (n=13 - 12,4%), A1A2 (n=35 - 33,3%) e A2A2 (n=57- 54,3%) Figura 14.

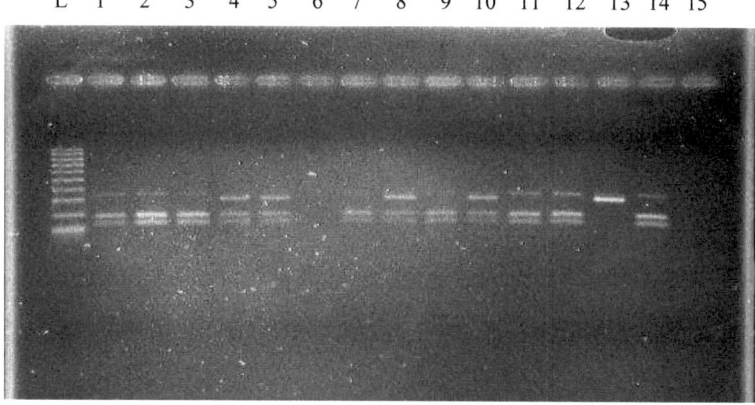

Figura 13 - Perfil PCR-RFLP dos genótipos para SNP TaqIA no gene DRD2 A canaleta L contém o marcador de peso molecular de 100pb. A canaleta 15 contém o controle negativo. As canaletas 1, 2, 3, 7 e 9 contêm o genótipo homozigoto A_2A_2. As canaletas 4,5,8,10,11,12 e 14 contêm o genótipo heterozigoto A_1A_2. A canaleta 13 o genótipo homozigoto A_1A_1. A canaleta 6 mostra falta de amplificação.

A distribuição genotípica mostrou uma proporção maior dos genótipos A1A1 e A1A2 no grupo obeso, e A2A2 no grupo eutrófico, entretanto esta diferença não foi estatisticamente significativa (Tabela 5). A distribuição alélica, entretanto, mostrou diferença estatisticamente significativa (p=0,05), sendo que a presença do alelo A1 confere risco relativo de 1,2892 para a presença de obesidade (Tabela 6).

46

Tabela 5 - Distribuição Genotípica dos grupos Obeso e Eutrófico

Genótipo	Grupo de Obesos N (%)	Grupo de Eutróficos N (%)	X²	Valor de p
A1 A1	8 (14,5)	5 (10)		
A1 A2	22 (40)	13 (26)	2,844	0,0917
A2 A2	25 (45,5)	32 (64)		
Total	55 (100)	50 (100)		

Tabela 6 - Distribuição alélica dos grupos Obeso e Eutrófico

Distribuição alélica	Grupo de Obesos N (%)	Grupo de Eutróficos N (%)	Risco relativo	Valor de p
A1	38 (34,5)	23 (23)	1,2892	(0,05)*
A2	72 (65,5)	77 (77)		
Total	110 (100)	100 (100)		

O polimorfismo TaqIA C32806T no gene DRD2 está associado a reduzida atividade dopaminérgica cerebral (Noble et al, 1991), e o alelo A1 foi inicialmente associado a elevação do IMC conforme Blum e colaboradores (1996b) e comprovado em vários trabalhos posteriores (Stice et al., 2010). Poucos estudos (Böettcher et al. 2011) foram realizados para se verificar a associação do polimorfismo TaqIA do DRD2 em crianças e adolescentes, e o quadro 5 ilustra os principais resultados dessas pesquisas.

Nosso estudo encontrou nos obesos e controles uma freqüência do alelo A1 de 34,5% e 23% respectivamente, e demonstrando associação estatisticamente significativa do alelo A1 com obesidade infantil (p = 0,05), com risco relativo de 1,3. Na literatura foi observada uma grande variação nas freqüências alélicas, mesmo dentro de populações do mesmo país: em 2 estudos com crianças turcas, um deles mostrou 51% do alelo A1 nos obesos (Ergum et al., 2010), enquanto o outro referiu apenas 20% (Araz et al., 2012); um estudo holandês mostrou 18,3% de alelo A1

(Strien et al., 2010), em estudos norte-americanos a freqüência do alelo A1 em crianças obesas variou de 17% (Roth et al., 2013) a 38,5% (Duran-Gonzalez et al., 2011).

Quadro 5 - Resumo dos estudos realizados em crianças e adolescentes para avaliação do polimorfismo TaqIA do gene DRD2.

Referência	População	Conclusões
Epstein et al., 2010	26 famílias. Pais obesos e crianças de 8 a 12 anos com sobrepeso País: EUA	Alelo A1 associado a IMC e concordância com alteração do IMC de pais e filhos após 6 e 12 meses de programa de emagrecimento
Ergum et al., 2010	Crianças 46 obesas 50 eutróficas País: Turquia	Freqüências alélicas (%) Obesos: A1 - 51%, A2 - 49% Eutróficos: A1- 52%, A2 - 48% Sem diferença estatística entre os grupos
Stice et al. 2010	44 adolescentes do sexo feminino País : EUA	Alelo A1 associado a resposta atenuada do circuito de recompensa cerebral em resposta a antecipação de alimentar em exame de RNM
Strien et al., 2010	279 Adolescentes País: Holanda	Freqüências (%): A1A1-2,9; A1A2 - 30,8; A2A2 - 66,3; A1 -18,3; A2 - 81,7 Alelo A1 aumenta a alimentação de fundo emocional
Duran-Gonzalez et al., 2011	448 Adolescentes País: EUA	Freqüências(%): A1A1 - 15,2; A1A2 - 46,5; A2A2 - 38,3; A1 - 38,5; A2 - 61,5 Alelo A1 associado a obesidade central
Araz et al., 2012	Crianças e adolescentes (2 a 17 anos): 100 obesos e 100 controles País: Turquia	Freqüências (%) nos Obesos: A1A1 - 7; A1A2 - 26; A2A2 - 67; A1 - 20; A2 - 80 Freqüências (%) nos Controles: A1A1 - 4; A1A2 - 31; A2A2 - 65 Sem associação do alelo A1 e IMC
Roth et al., 2013	423 crianças obesas 28 crianças com sobrepeso 583 adultos magros País: EUA	Freqüência (%) nas crianças: A1A1 - 2,4; A1A2 - 29,3; A2A2 - 68,3 A1 - 17; A2 - 83 Alelo A1 não associado a IMC A1A1 - pior resposta a intervenção de estilo de vida visando o emagrecimento.

Ao separar as crianças em grupos, de acordo com a presença do alelo A1 (genótipo de risco) ou ausência do alelo A1 (genótipo NÃO risco) foram encontradas diferenças estatisticamente significativas no peso, IMC da mãe e TG, conforme mostrado na tabela 7. Já a avaliação de cada genótipo separadamente mostrou diferenças significativas no Z-IMC, IMC do pai e TG (Tabela 8)

Embora os valores de TG tenham sido menores no grupo portador do alelo A1, esta diferença não foi clinicamente relevante, já que todos os grupos apresentaram o TG na faixa de normalidade, mas houve uma diferença estatística entre os grupos. O TG se mostrou 20% mais baixo no grupo de "Genótipo de Risco" quando comparado com o grupo "Genótipo NÃO risco"; e foi 10% mais baixo nos indivíduos com genótipo A1A1 com o grupo A2A2. Miyashita e colaboradores (2013) realizaram uma meta-análise avaliando o efeito do exercício físico nos níveis de TG, encontrando quedas significativas do mesmo após prática de exercício físico ainda que por pouco tempo e intermitente. A queda nos níveis de TG variou de 10% para a prática de 5 minutos de exercício 6 vezes por dia, até 27% para prática de 10 minutos 3 vezes por dia. Postula-se que as crianças com a presença do alelo A1 possuam o TG menor, devido à maior prática de exercício físico. A presença do alelo A1 contribui para a DRS, da qual o TDAH faz parte (Blum et al., 1996b), além disso, estudos avaliando o polimorfismo Taq IA do gene do DRD2 e características de personalidade utilizando o questionário Tridimensional de Personalidade demonstram que o alelo A1 está associado a certos traços de comportamento, com maiores índices de impulsividade, extravagância, desorganização (Lee et al., 2003; Noble et al., 1998 e 2003; Wang et al., 2013), persistência (Lee et al., 2003; Noble et al., 1998 e 2003) e atitude gregária (Noble et al., 1998 e 2003; Wang et al., 2013). Estas características comportamentais podem levar a uma maior prática de exercício físico pelas crianças portadoras do alelo A1, e assim explicar os valores mais baixos de TG.

Tabela 7 - Parâmetros clínicos e bioquímicos observados nos grupos Genótipo de risco (A1A1 + A1A2) e Genótipo NÃO risco (A2A2).

Variáveis	Genótipo de Risco A1A1 + A1A2		Genótipo NÃO risco A2A2		Valor de p
	Média	DP	Média	DP	
Idade (meses)	119,6	29,85	118,3	31,24	0,823
Peso	48,86	21,66	40,01	19,64	0,03*
Altura	141,5	12,05	137,3	16,08	0,135
Z IMC	1,97	4,18	0,88	2,06	0,09*
IMC Mãe	27,87	7,7	25,32	4,18	0,05*
IMC Pai	29,91	7,33	28,57	4,64	0,273
Glicemia	85,29	6,78	85,47	6,69	0,891
Insulina	10,39	6,88	8,85	7,39	0,274
Homa IR	2,19	1,48	1,89	1,68	0,33
Homa ß	182,19	121,49	145,51	103,96	0,098
CT	161,1	26,2	170,88	29,8	0,08
TG	73,62	29,12	91,91	44,71	0,013*
HDL	44	7,98	44,93	11,13	0,63
LDL	102,79	23,65	107,98	28,25	0,315
Total	48 (100)		57 (100)		

Tabela 8 - Parâmetros clínicos e bioquímicos observados nos grupos genotípicos

Variáveis	Genótipo			F	Valor de p
	A1A1	A1A2	A2A2		
	Média				
Z IMC	1,948	1,977	0,88	3,470	0,035*
IMC Mãe	27,66	27,95	25,32	2,178	0,119
IMC Pai	33,29	28,65	28,58	3,385	0,038*
Glicemia	84,92	85,43	85,47	0,036	0,965
Insulina	11,2	10,08	8,85	0,715	0,491
HOMA IR	2,346	2,14	1,89	0,553	0,577
HOMA ß	201,96	174,85	145,51	1,659	0,195
CT	153	164,11	170,88	2,308	0,105
HDL	40,07	45,46	44,93	1,568	0,213
LDL	97,15	104,89	107,98	0,919	0,402
TG	82,84	70,2	91,91	3,471	0,035*
	N (%)				
TOTAL	13 (100)	35 (100)	57 (100)		

Foi realizada a distribuição alélica separando as crianças em grupos de acordo com os valores de referência das variáveis metabólicas estudadas. Observou-se diferença significativa na distribuição alélica das crianças com CT < 170 ou CT ≥ 170 e nas crianças com HOMA ß < 175 ou ≥ 175. A presença do alelo A1 confere risco relativo de 1,5121 para HOMA ß ≥ 175 (Tabelas 9 e 10).

Tabela 9 - Distribuição alélica dos pacientes com CT < 170 ou CT ≥170

Alelo	CT < 170 N (%)	CT ≥170 N (%)	Valor de p
A1	16 (19,5)	45 (35,2)	
			0,0249*
A2	66 (80,5)	83 (64,8)	
Total	82 (100)	128 (100)	

Tabela 10- Distribuição alélica dos pacientes com HOMA ß < 175 ou HOMA ß ≥ 175

Alelo	HOMA ß < 175 N (%)	HOMA ß ≥ 175 N (%)	Risco Relativo	Valor de p
A1	35 (24,6)	26 (38,2)		
			1,5121	0,0367*
A2	107 (75,4)	42 (61,8)		
Total	142 (100)	68 (100)		

Com relação às alterações no lipidograma, encontramos associação do alelo A1 com um risco relativo de 0,6 para CT≥ 170 mg/dl, sendo este um resultado ainda não descrito na literatura. A elevação do colesterol é explicada pelo próprio comportamento alimentar atribuído aos portadores do alelo A1, como forma de compensar a RDS.

As crianças foram avaliadas de acordo com os valores do HOMA ß, sendo então subdivididas em 4 grupos conforme o grau de secreção das células ß pancreáticas e Z-IMC. Os subgrupos são: Obeso com HOMA ß normal (0ßN), Obeso com HOMA ß alterado (0ß↑), Eutrófico com HOMA ß normal (EßN) e Eutrófico com HOMA ß alterado (Eß↑).

Dentre as crianças obesas 26 (47,3%) tem HOMA ß normal e 29 (52,7%) tem HOMA ß alterado. Dentre as crianças eutróficas, 45 (90%) tem o índice normal e 5 (10%) tem o índice alterado. A distribuição genotípica e alélica dos subgrupos é mostrada nas Tabelas 11, 12, 13 e 14. Observa-se que os subgrupos com secreção normal de célula ß (0ßN e EßN) tem distribuição genotípica e alélica estatisticamente diferente, com menor presença dos genótipos A1A1 e A1A2 e maior do alelo A2.

Tabela 11 -Distribuição Genotípica dos subgrupos Obeso com função de célula ß normal (0ßN) e Obeso com comprometimento de função de célula ß (0ß↑)

| | OBESO | | | | | |
| | HOMA ß < 175 (0ßN) | | | HOMA ß ≥175 (0ß↑) | | |
Genótipo	N (%)	Qui ^{2}	Valor de p	N (%)	Qui ^{2}	Valor de p
A1 A1	2 (7,7)			6 (20,7)		
A1 A2	11 (42,3)			11 (37,9)		
A2 A2	13 (50)	7,923	0,019*	12 (41,4)	2,138	0,343
Total subgrupo	26 (100)			29 (100)		
TOTAL	55 (100)					

Tabela 12 - Distribuição Genotípica dos subgrupos Eutrófico com função de célula ß normal (EßN) e eutrófico com comprometimento de função de célula ß (Eß↑)

		Grupo de Eutróficos				
	HOMA ß < 175 (EßN)			HOMA ß ≥ 175 (Eß↑)		
Genótipo	N (%)	Qui²	Valor de p	N (%)	Qui²	Valor de p
A1 A1	4 (8,9)			1 (20)		
A1 A2	12 (26,7)			1 (20)		
A2 A2	29 (64,4)	21,733	< 0,0001*	3 (60)	1,6	0,449
Total subgrupo	45 (100)			5 (100)		
TOTAL				50 (100)		

Tabela 13 - Distribuição Alélica dos subgrupos Obeso com função de célula ß normal (OßN) e Obeso com comprometimento de função de célula ß (Oß↑)

		Grupo de Obesos				
	HOMA ß < 175 (OßN)			HOMA ß ≥ 175 (Oß↑)		
Alelo	N (%)	Qui²	Valor de p	N (%)	Qui²	Valor de p
A1	15 (28,8)			23 (39,7)		
A2	37 (71,2)	8,481	0,0036*	35 (60,3)	2,09	0,1486
TOTAL	52 (100)			58 (100)		

Tabela 14 - Distribuição Alélica dos subgrupos Eutrófico com função de célula ß normal (EßN) e eutrófico com comprometimento de função de célula ß (Eß↑)

		Grupo de Eutróficos				
	HOMA ß < 175 (EßN)			HOMA ß ≥ 175 (Eß↑)		
Alelo	N (%)	Qui²	Valor de p	N (%)	Qui²	Valor de p
A1	20 (22,2)			3 (30)		
A2	70 (77,8)	26,678	< 0,0001*	7 (70)	0,9	0,343
TOTAL	90 (100)			10 (100)		

Foi realizada uma comparação da distribuição alélica entre os 4 subgrupos, sendo estatisticamente diferente o grupos Oß↑ e EßN. As crianças obesas com HOMA ß alterado possuem presença maior do alelo A1 (Tabela 15).

Tabela 15 - Comparação da distribuição alélica dos subgrupos Oß↑ e EßN

Alelo	Oß↑ N (%)	EßN N (%)	X^2	Valor de p
A1	23 (39,7)	20 (22,2)		
A2	35 (60,3)	70 (77,8)	4,389	0,0362*
Total	58 (100)	90 (100)		

Nosso estudo demonstrou que há associação de alteração da função de célula beta pancreática com o alelo A1, que confere um risco relativo de 1,5 para HOMA ß $\geq$ 175. Estudos clínicos em pacientes diabéticos (Pijl et al., 2000) e estudos em animais (Weenes et al., 2010) demonstram a melhora do controle glicêmico com o uso de bromocriptina, um agonista dopaminérgico que atua via receptores DRD2. Em 2005, Rubi e colaboradores demonstraram pela primeira vez que receptores DRD2 são expressos na célula beta pancreática e modulam a secreção de insulina. Estudo realizado em ratos *"knockout"* para o gene DRD2 revelou que os receptores DRD2 têm papel crucial na secreção de insulina e na homeostase glicêmica; os ratos com ausência do receptor DRD2 apresentavam falha na resposta insulínica frente a uma sobrecarga de glicose, glicemia de jejum mais elevada, intolerância a glicose e redução da massa de células beta. Tais resultados evidenciam que o DRD2 é importante para a proliferação de células beta e para a secreção de insulina, podendo ser considerado como um fator de crescimento, fundamental para o controle da homeostase glicêmica (García-Tornadú et al., 2010).

Pela primeira vez, o alelo A1 do gene do DRD2 é associado à alteração da homeostase glicêmica. Já está demonstrado que este alelo leva a redução do número de receptores cerebrais e supõe-se que deva também reduzir o número de receptores na célula beta, explicando tais achados clínicos. Já a presença do alelo A2 associa-se com o HOMA ß normal, tanto em eutróficos, como nos pacientes obesos, demonstrando um efeito protetor da secreção pancreática desse alelo.

7 - CONCLUSÕES

Em relação ao polimorfismo G308A do gene TNF-α, não encontramos associação com obesidade infantil, IMC dos pais ou qualquer parâmetro bioquímico.

Em relação ao polimorfismo TaqIA C32806T do gene DRD2 verificamos diversos resultados com significância estatística.

Verificamos que o alelo A1 (T) está associado a: maior peso e Z-IMC das crianças, conferindo risco relativo de 1,3 para a presença de obesidade infantil; além de se associar também a maiores IMC tanto da mãe como do pai. Com relação ao lipidograma, o alelo A1 associa-se valores menores de TG e freqüência maior de CT ≥ 170.

Com relação ao metabolismo dos carboidratos, nosso estudo encontrou um resultado inédito na literatura: o alelo A1 foi associado à HOMA ß ≥ 175, conferindo risco relativo de 1,5. O alelo A2 associou-se a normalidade do HOMA ß tanto em obesos como em eutróficos, implicando este alelo como um fator protetor da secreção pancreática.

8 - PERSPECTIVAS

Apesar da contribuição de fatores genéticos no desenvolvimento do ganho de peso ser amplamente reconhecida, a real contribuição quantitativa dos mesmos em fenótipos relacionados é ainda uma questão complexa que precisa ser esclarecida.

A dissecção da intricada arquitetura genética da obesidade aumentará a nossa compreensão da regulação do balanço energético em seres humanos, e conseqüentemente, proporcionará novos caminhos para o tratamento e prevenção deste grave problema de saúde.

O reconhecimento de indivíduos predispostos através da determinação de polimorfismos de risco poderá orientar novos caminhos para o tratamento e prevenção da obesidade infantil. Vislumbra-se que no futuro as crianças sofrerão intervenções de prevenção e tratamento a partir de seus genomas.

Estudos recentes (Chen et al., 2011; Miller et al., 2010 e 2012) sustentam a idéia de um novo tratamento com finalidade de ativar a dopamina no circuito de recompensa cerebral, conhecido como "terapia neuroadaptativa com aminoácido" - NAAT (do inglês - *Neuroadaptagen Amino Acid Therapy*). É realizado com uma medicação natural, segura e eficaz, composta por aminoácidos precursores de neurotransmissores e inibidores da encefalina-catecolamina-metiltransferase (COMT), já patenteada com o nome de SynaptaGenX ® . Os resultados satisfatórios de 26 estudos clínicos realizados com pacientes alcoólatras ou usuários de drogas (Blum, 2012) sugerem que outros componentes da RDS, como a obesidade, podem ser beneficiados coma utilização desta nova terapia.

A presente proposta abre uma nova linha para a investigação da relação entre a obesidade de início precoce, o polimorfismo Taq IA do DRD2 e a anormalidade de secreção da célula beta pancreática. Propõe-se a realização de estudo clinico com tratamento de reposição de aminoácidos -NAAT -para as crianças obesas portadoras do alelo A1.

8- REFERENCIAS BIBLIOGRAFICAS

Adams KF, Schatzkin A, Harris TB, et al. Overweight, obesity and mortality in a large prospective cohort of persons 50 to 71 years old. N Engl J Med 355(8):763-78, 2006

Albuquerque KT, Zemdegs JCS, Telles MM et al. Regulação Central da ingestão alimentar. Inn: Ribeiro EB. Fisiologia endócrina. Ed. Manole. São Paulo, 2012

Amemiya S et al. Metabolic syndrome in youths. Pediatric Diabetes 2007; 8:48-54

Andersson CX, Gustafson B, Hammarstedt A, Hedjazifar S, Smith U. Inflamed adipose tissue, insulin resistance and vascular injury. Diabetes Metab Res Rev 2008; 24: 595–603.

Angelucci AP & Mancini MC. Epidemiologia e fisiopatologia da obesidade. In: Graf H, Clapauch R & Lyra R. Proendócrino - programa de atualização em endocrinologia e metabologia, ciclo 3 módulo1. Ed. Artmed, Porto Alegre, 2011.

Araz NC, Nacak M, Balci SO, Benlier N, Araz M, Pehlivan S et al. Childhood obesity and the role of dopamine D2 receptor and cannabinoid receptor-1 gene polymorphisms. Genetic Testing and Molecular Biomarkers. 2012; 16 (12): 1408-12.

Avena NM, Rada P, Hoebel BG. Underweight rats have enhanced dopamine release and blunted acetylcholine response in the nucleus accumbens while bingeing on sucrose. Neuroscience. 2008; 16:865-871.

Bays HE, González-Campoy JM, Bray GA, Kitabchi AE, Bergman DA, Schorr AB, Rodbard HW, Henry RR. Pathogenic potential of adipose tissue and metabolic consequences of adipocyte visceral adiposity. Expert Rev. Cardiovas. Ther. 2008; 6(3): 343-368.

Bell CG, Walley AW, and Froguel P. The genetics of human obesity. Nature Reviews Genetics. 2005; 6: 221-234.

Berg AH, Scherer PE. Adipose Tissue, Inflammation, and Cardiovascular Disease. Circ. Res. 2005; 96:939-949.

Blum K, Braverman ER, Wood RC et al. Increased prevalence of the Taq I A1 allele of the dopamine receptor gene (DRD2) in obesity with comorbid substance use disorder: a preliminary report. Pharmacogenetics. 1996a; 6(4):297-305.

Blum K, Cull J, Braverman ER & Comings, D. Reward deficiency syndrome. American Scientist. 1996b; 84: 132-45.

Blum K, Chen ALC, Giordano J et al. the addictive brain: all roads lead to dopamine. Journal of Psychoactive Drugs. 2012; 44 (2): 134-143.

Behravan J, Hemayatkar M, Toufani Het al: Linkage and association of DRD2 gene TaqI polymorphism with schizophrenia in an Iranian population. Arch Iran Med. 2008; 11(3):252-256.

Böettcher Y, Korner A, Kovacs P et al. Obesity genes: implication in childhood obesity. Pediatrics and child health. 2011; 22(1): 31-36

Boraska V, Rayner NW, Groves CJ et al. Large-scale association analysis of TNF/LTA gene region polymorphisms in type 2 diabetes. BMC Med Genet. 2010; 11:69.

Bouchard C, Perusse L, Rice T and Rao DC. The genetics of human obesity. In: Handbook of Obesity. Marcel Dekker, New York, 1998: 157–190.

Bradfield JP et al. A genome-wide association meta-analysis identifies new childhood obesity loci. Nature Genetics. 2012; 44: 526–531.

Brasil. Ministério da Saúde (2002) — Área Técnica de Alimentação e Nutrição. Brasília, DF.

Brito RB, da Cruz AP, Silva DM. Relação entre a indução ao ganho de peso decorrente do uso crônico de olanzapina e os SNPs TaqIA no gene DRD2 e G-308A no gene TNF-α. [Dissertação]. Goiânial: PUC - Goiás; 2011.

Bueno AA, Oyama LM & Nascimento CMO. Adipocinas. Inn: Ribeiro EB. Fisiologia endócrina. Unifesp, São Paulo, 2012.

Carvalho Filho MA, Cintra DE, Ropelle ER, Pauli JR. Obesidade e diabetes: da origem ao caos. In: Obesidade e Diabetes fisiopatologia e sinalização celular. São Paulo: Sarvier, 2011.

Cerutti JM. et al. Métodos de análise dos ácidos nucleicos: exams de DNA e RNA. In: Bruroni D, Perez ABA. Guias de Medicina Ambulatorial e hospitalar da EPM_UNIFESP: Genética Médica. Barueri, SP: Manole, 2013.

Chen AL, Blum K, Chen TJ et al. Neurogenetics and clinical evidence for the putative activation of the brain reward circuitry by a neuroadaptagen: proposing an addiction candidate gene panel map. J Psychoactive Drugs. 2011; 43 (2): 108-27.

Chen AL, Blum K, Chen TJ et al. Correlation of the Taq1 dopamine D2 receptor gene and percent body fat in obese and screened control subjects: a preliminary report. Food Funct. Jan;3(1):40-8, 2012.

Comings DE, Blum K. Reward deficiency syndrome: genetic aspects of behavioral disorders. Progress in brain research. 2000; 126: 325-341.

Comuzzie AG, Cole AS, Laston SL et al. Novel genetic loci identified for the pathophysiology of chidhood obesity in the hispanic population. PLOS ONE. 2012; 7 (12):1-9.

Damiani D. Tecido Adiposo como órgão endócrino. Inn: Setian N et al. Obesidade na Criança e no adolescente buscando caminhos desde o nascimento. São Paulo: Ed. Roca, 2007.

Das UN. Is Obesity an Inflammatory Condition? Nutrition. 2001; 17: 953–966.

Demerath, EW et al. Genetics and environmental influences on infant weight and weight change: the FELS Longitudinal Study. Am J Hum Biol. 2007; 19:692-702.

Doi, SQ, Puggina EF, Castrucci AML. Sistema de amplificação de ácidos nucléicos por PCR em tempo real. Inn: Verlengia et al. Análises de RNA, proteínas e metabólitos: metodologia e procedimentos técnicos. São Paulo: Ed. Santos, 2013.

Duran-Gonzalez J, Ortiz I, Gonzales E, Ruiz N, Ortiz M, Gonzalez A et al. Association study of candidate gene polymorphisms and obesity in a young mexican-american population from South Texas. Arch Med Research. 2011; 42: 523-31.

Engström G, Hedblad B, Stavenow L, Lind P, Janzon L, Lindgärde F. Inflammation-Sensitive Plasma Proteins Are Associated With Future Weight Gain. Diabetes. 2003; 52: 2097–2101.

Epstein LH, Dearing KK, Erbe RW. Parent–child concordance of Taq1 A1 allele predicts similarity of parent–child weight loss in behavioral family-based treatment programs. Appetite. 2010; 55(2): 363–366

Ergun MA, Karaoguz MY, Koc A, Camurdan O, Bideci A, Yazici AC et al. The apolipoprotein E gene and Taq1A polymorphisms in childhood obesity.genetic Testing and Molecular Biomarkers. 2010; 14 (3): 343-5

Fantuzzi G, Mazzone T. Adipose Tissue and Atherosclerosis: Exploring the Connection. Arterioscler. Thromb. Vasc. Biol. 2007; 27;996-1003.

Farah, S. B. Métodos de análise dos ácidos nucléicos. In: DNA: segredos e mistérios. 2. Edição- São Paulo: Saravier, 2007.

Fernández-Real JM, Gutierrez C, Ricart W, et al: The TNF-alpha gene Nco I polymorphism influences the relationship among insulin resistance, percent body fat, and increased serum leptin levels. Diabetes. 1997; 46(9):1468-1472.

Ferreira VA & Magalhães R. Obesidade no Brasil: tendências atuais. Revista Portuguesa de Saúde Pública. 2006; 24 (2): 71-81

Field AE, Coakley EH, Must A et al. Impact of overweight on the risk of developing common chronic diseases during a 10-year period. Arch Intern Med. 2001; 161 (13): 1581-6

Fisberg M, Cintra IP, Costa RF et al. Obesidade infanto-juvenil: epidemiologia, diagnóstico, composição corporal e tratamento. In: Setian N, Damiani D, Manna TD et al. Obesidade na criança e no adolescente. São Paulo: Roca, 2007.

Fonseca-Alaniz MH, Takada J, Alonso-Vale MIC & Lima FB. Adipose tissue as an endocrine organ: from theory to practice. Jornal de Pediatria. 2007; 83 (5): S192-203.

García-Tornadú I, Ornstein AM, Chamson-Reig A, Wheeler MB, Hill DJ, Arany E et al. Disruption of the dopamine D2 receptor impairs insulin secretion and causes glucose intolerance. Endocrinology. 2010; 151 (4): 1441-50.

Gi, Yu et. al. Association of tumor necrosis factor-α (TNF-α) promoter polymorphisms with overweight/obesity in a Korean population. Inflamm Res. 2011; 60 (12): 1099-105

Goossens GH. The role of adipose tissue dysfunction in the pathogenesis of obesity-related insulin resistance. Physiology & Behavior. 2005; 94: 206–218.

Greenberg AS, Martin SO, Obesity and the role of adipose tissue in inflammation and Metabolism. Am J Clin Nutr. 2006; 83(suppl):461S–5S.

Griffiths, LJ et al. Differential parental weight and height contributions to offspring birthweight and weight gain in infancy. Int J Epidemiol. 2007; 36: 104-107

Hainer V, ZamrazilováH, Spálová J,Hainerová I, KunešováM, Aldhoon B and BendldocáB. Role of Hereditary Factors in Weight Loss and Its Maintenance. Physiol. Res. 2008; 57 (Suppl. 1): S1-S15.

Hajer GR, Van Haeften TW, Visseren FLJ.Adipose tissue dysfunction in obesity, diabetes, and vascular diseases. European Heart Journal. 2008; 1-13.

Halper, A. Editorial: A Epidemia de Obesidade. Arq Bras Endocrinol Metab. 1999; 43 (3): 175-6.

Heiskanen M, Kähönen M, Hurme M et al. Polymorphism in the 10 promoter region and early markers of atherosclerosis: the Cardiovascular risk in young Finns study. Atherosclerosis. 2010; 208 (1): 190-6.

Hermsdorff HHM, Monteiro JBR. Gordura Visceral, Subcutânea ou Intramuscular: Onde Está o Problema? Arq Bras Endocrinol Metab. 2004; 48(6):803-811.

Hill JO, Wyatt HR, Reed GW et. al. Obesity and the environment: where do we go from here? Science. 2003; 299(5608): 853-855.

Huang XF, Zavitsanou K, Huang X, Yu Y, Wang H, Chen F, Lawrence AJ, Deng C. Dopamine transporter and D2 receptor binding densities in mice prone or resistant to chronic high fat diet-incuded obesity. Behav Brain Res. 2006; 175: 415–419.

I Diretriz de Prevenção de Aterosclerose na Infância e na Adolescência. Arquivos Brasileiros de Cardiologia. 2005; 85, (S6): 1-36.

Instituto Brasileiro de Geografia e Estatística (IBGE). Pesquisa de Orçamento Familiar (POF) 2008-2009 – Antropometria e estado nutricional de crianças, adolescentes e adultos no Brasil, 2010.

Jönsson EG, Nöthen MM, Gründhage F et al. Polymorphisms in the dopamine D2 receptor gene and their relationships to striatal dopamine receptor density of healthy volunteers. Mol Psychiatry. 1999; 4: 290-6.

Kamali-Sarvestani E, Ghayomi MA, Nekoee A.Association of TNF-alpha -308 G/A and IL-4 -589 C/T gene promoter polymorphisms with asthma susceptibility in the south of Iran. J Investig Allergol Clin Immunol. 2007; 17(6): 361-366.

Keats S & Wiggins S. Future diets: Obesity is on the rise globally. 2014. Disponível em: http://www.odi.org.uk/future-diets.

King, BM. The modern obesity Epidemic, ancestral hunter-gatheres, and the sensory/reward control of food intake. Am. Psychol. 2013; 68 (2): 88-96

Kubaszek A, Pihlajamäki J, Komarovski V et al. Promoter polymorphism of the TNF-α (G308A) and IL6 (C174G) genes predict the conversion from impaired glucose tolerance to type 2 diabetes. Diabetes. 2003; 52: 1872-6.

Kukreti R, Tripathi S, Bhatnagar P et al. Association of DRD2 gene variant with schizophrenia. Neurosci Lett. 2005; 392(1-2):68-71.

Lau DCW, Dhillon B, Yan H, Szmitko PE, Verma S. Adipokines: molecular links between obesity and atheroslcerosis. Am J Physiol Heart Circ Physiol. 2005; 288: 2031-2041.

Lee HJ, Lee HS, Kim YK et al. D2 and D4 dopamine receptor gene polymorphisms and personality traits in a young Korean population. Am J Med Genet B Neuropsychiatr Genet. 2003; 121B (1): 44-9.

Loos, RJF. Recent progress in genetics of common obesity. British Journal of ClinicalPharmacology.2009; 68(6): 811–829.

Matthews DR et al. Homeostasis model assessment: insulin resistance and beta-cell Function from fasting plasma glucose and insulin concentrations in man. Diabetologia. 1985; 28: 412-19.

Metcalf NS, Hosking J, Fremeaux AE et al. BMI was right all along - taller childen really are fatter 3 implications of making childhood BMI independent of height. Int J Obes. 2011; 35: 541-547.

Miller DK, Bowirrat A, Manka M et al. Acute intravenous synaptamine complex variant KB220™ "normalizes" neurological dysregulation in patients during protracted abstinence from alcohol and opiates as observed using quantitative electroencephalographic and genetic analysis for reward polymorphisms: part 1, pilot study with 2 case reports. Postgrad Med. 2010; 122 (6): 188-213.

Miller DK, Chen AL, Stokes SD et al. Early intervention of intravenous KB220IV--neuroadaptagen amino-acid therapy (NAAT) improves behavioral outcomes in a residential addiction treatment program: a pilot study. J Psychoactive Drugs. 2012; 44(5):398-409.

Miyashita M, Burns SF, Stensel, DJ. An update on accumulating exercise and postprandial lipaemia: translating theory into practice. J Prev med Public Health. 2013; 46: S3-S11.

Moisés RS. Genética no entendimento da obesidade e do diabetes. In: Cintra DE, Ropelle ER, Pauli JR. Obesidade e Diabetes fisiopatologia e sinalização celular. São Paulo: Sarvier, 2011.

Morton GJ, Cummings DE, Baskin DG et al: Central nervous system control of food intake and body weight. Nature. 2006; 443 (7109):289-95.

Mullis, K.B.; Faloona, F. A. Specific synthesis of DNA in vitro via a polymerase-catalyzed chain reaction. Methods Enzymol. 1987; 155: 335-350.

Neel JV. Diabetes mellitus: a "thrifty" genotype rendered detrimental by "progress"? Am J Hum Genet. 1962; 14: 353-62.

Neville, MJ, Johnstone EC, Walton, RT: Identification and characterization of ANKK1: a novel kinase gene closely linked to DRD2 on chromosome band 11q23.1.Hum Mutat. 2004; 23: 540-545..

Newton CR, Graham A, Heptinstall LE, et al: Analysis of any point mutation in DNA. The amplification refractory mutation system (ARMS).Nucleic Acids Res. 1989; 17(7): 2503-2516.

NIDDK Weight Control Information Network. Statistics related to overweight and obesity Economic costs related to overweight and obesity 2008. Disponível em: http://win.niddk.nih.gov/statist.

Nisoli E, Brunani A, Borgomainerio E et al. D2 dopamine receptor (DRD2) gene Taq1A polymorphism and the eating-related psychological traits in eating disorders (anorexia nervosa and bulimia) and obesity. Eat Weight Disord. 2007; 12(2):91-6.

Noble EP, Blum K, Ritchie T at al. Allelic association of the D2 dopamine receptor gene with receptor-binding characteristics in alcoholism. Archives of general Psychiatry. 1991; 48: 648-54.

Noble EP, Gottschalk LA, Fallon JH et al. D2 dopamine receptor polymorphism and brains regional glucose metabolism. Am J Med Genet B Neuropsychiatr Genet. 1997: 74: 162-6.

Noble EP, Ozkaragoz TZ, Ritchie TL et al. D2 and D4 dopamine receptor polymorphisms and personality. Am J Med Genetics. 1998; 81: 257-267.

Noble, EP. D2 dopamine receptor gene in psychiatric and neurologic disorders and its phenotypes. Am J Med Gene. 2003; 116B: 103-125.

Oliveira JS, Bressan, J. Tecido Adiposo como regulador da inflamação e da obesidade. E F Deportes.com, Revista digital. 2010; 15 (150).

Öttcher, Y, Körner A, Kovacs P et. al. Obesity genes: implication in childhood obesity. Pediatrics and Child Health. 2011; 22 (1): 31-35.

Packard RRS, Libby P. Inflammation in Atherosclerosis: From Vascular Biology to Biomarker Discovery and Risk Prediction. Clinical Chemistry. 2008; 54(1):24–38.

Pausova Z, Deslauriers B, Gaudet D, Tremblay J, Kotchen TA, Larochelle P, Cowley AW, Hamet P. Role of Tumor Necrosis Factor-a Gene Locus in Obesity and Obesity-Associated Hypertension in French Canadians. Hypertension. 2000; 36: 14-19.

Picetti R, Saiardi A, Abdel Samad T et al: Dopamine D2 receptors in signal transduction and behavior. Crit. Rev. Neurobiol. 1997; 11: 121-142.

Pijl H, Ohashi S, Matsuda M, Miyazaki Y, Mahankali A, Kumar V et al. Bromocriptine a novel approach to the treatment of type 2 diabetes. Diabetes Care. 2000; 23 (8): 1154-60.

Prada PO, Saad MJA. Patogênese: Resistência insulínica no diabetes tipo 2. In: Pró endócrino sistema de educação médica continuada a distância. 2009 Ciclo 1 , Módulo 1.

Previc F. The dopaminergic mind in human evolution and history. Oxford: Cambridge University Press. 2009.

Qatanani M, Lazar MA. Mechanisms of obesity-associated insulin resistance: many choices on the menu. Genes Dev. 2007; 21: 1443-1455.

Radominski RB. Aspectos epidemiológicos da obesidade infantil. Revista ABESO. 2011; (49): 10-13.

Rankinen T, Perusse L, Weisnagel SJ, Snyder EE, Chagnon YC, Bouchard C. The human obesity gene map: the 2001 update. Obes Res. 2002; 10: 196–243.

Rankinen T, Zuberi A, Chagnon Y C, Weisnagel S J , Argyropoulos G and Walts B. The human obesity gene map: the 2005 update. Obes Res . 2006; 14: 529–644.

Roth CL, Hinney A, Schur EA, Elfers CT, Reinehr T. Association analyses for dopamine receptor gene polymorphisms and weight status in a longitudinal analysis in obese children befor and after lifestyle intervention. BMC Pediatrics. 2013; 13: 197-205.

Rubi B, Ljubicic S, Pournourmohammadi S, Carobbio S, ArmanetM,Bartley C et al. Dopamine D2-like receptors are expressed in pancreatic beta cells and mediate inhibition of insulin secretion. Journal of Biological Chemistry. 2005; 280 (44): 36824-32.

Sabin MA, Werther GA &Kiess, W. Genetics of obesity and overgrowth syndromes. Best Practice & Reserch Clinical Endocrinology & Metabolism. 2011; 25: 207-220.

Samad F, UysalKt, WiesbrockSm, Pandey M, HotamisligilGs, LoskutoffDj. Tumor necrosis factor a is a key component in the obesity-linked elevation of plasminogen activator inhibitor 1. Proc. Natl. Acad. Sci. 1999; 96: 6902–6907.

Saunders CL, Chiodini BD, Sham P, Lewis CM, Abkevich V, Adeyemo AA. Meta-analysis of genome-wide linkage studies in BMI and obesity. Obesity. 2007; 15: 2263–2275.

Schwartz MW, Woods SC, Porte DJ et al: Central nervous system control of food intake. Nature. 2000; 404 (6778):661-71

Setian, N. Obesidade na Criança e no adolescente: buscando caminhos desde o nascimento. In: Setian N, Damiani D, Manna TD et al. Obesidade na Criança e no Adolescente. São Paulo: Roca, 2007.

Stice E, Yokum S, Bohon C, Marti N, Smolen A. Reward circuitry responsivity to food predicts future increases in body mass: moderating effects of DRD2 and DRD4. Neuroimage. 2010; 50: 1618-25.

Suzuki CKK, da Silva CC. Avaliação de polimorfismos genéticos de susceptibilidade à
obesidade associados ao perfil mastigatório de crianças obesas [Dissertação]. Goiânia: PUC Goiás, 2012.

Shetty B & Shantaram M. heritability of body weight: an evidence for obesity? Int. J. Pharm. Med. & Bio. 2014; 3 (1)15-20.

Sichieri R, Vianna CM, Coutinho W. Projeto estimativa dos custos atribuídos à obesidade no Brasil. In: Revista Veja (Edição 1797) – 06/04/2003. Buchalla AP. O preço da gordura. Acesso em 10 out/2003. Página eletrônica http://veja.abril. com.br/090403/p_102.html.

Small DM, Jones-Gotman M, Dagher A. Feeding induced dopamine release in dorsal striatum correlates with meal pleasantness ratings in healthy human volunteers. Neuroimage. 2003, 19: 1709-15.

Sookoian SC, González C, Pirola CJ. Meta-analysis on the G-308A tumor necrosis factor alpha gene variant and phenotypes associated with the metabolic syndrome. Obes Res. 2005; 13(12):2122-31.

Sotelo YOM, Colugnati FAB, Taddei JAAC. Prevalência de sobrepeso e obesidade entre escolares da rede pública segundo três critérios de diagnóstico antropométrico. Cad. Saúde Pública. 2004; 20(1):233-240.

Speakman JR. A nonadaptive scenario explaning the genetic predisposition to obesity: the "predation release" hypothesis. Cell Metab. 2007; 6 (1):5-12.

Speliotes EK, Willer CJ, Berndt SI et al. Association analyses of 249.769 individuals reveal 18 new loci associated with body mass index. Nat Genet. 2010; 42: 937-48.

Spiegelman BM, Flier JS. Obesity and the regulation of energy balance. Cell. 2001; 104 (4):531-543.

Stice E, Yokum S, Bohon C et al. Reward circuitry responsivity to food predicts future increases in body mass: moderating effects od DRD2 and DRD4. Neuroimage. 2010; 50: 1618-25.

Tam CS. Obesity and low-grade inflammation: a paediatric perspective. Obes Rev. 2010; 11(2):118-26.

Trayhurn P, Wood IS. Adipokines: inflammation and the pleiotropic role of white adipose tissue. British Journal of Nutrition. 2004; 92:347–355.

Trayhurn P, Bing C, Wood IS. Adipose Tissue and Adipokines—Energy Regulation from the Human Perspective. J. Nutr. 2006; 136: 1935S–1939S.

Usiello A, Baik JH, Rouge-Pont F, et al: Distinct functions of the two isoforms of dopamine D2 receptors. Nature. 2000; 408: 199-203.

Velloso LA. The hypothalamic control o thermogenesis: implications on feeding and thermogenesis: implications on the development of obesity. Arch Bras Endocrinol Metabol. 2006; 50 (2): 165-76.

Verlengia R. et al. Sistema de amplificação de ácidos nucléicos pela reação em cadeia de polimerase. In: Análises de RNA, proteínas e metabólitos: metodologia e procedimentos técnicos. Ed. Santos. São Paulo, 2013.

Volkow ND, Wang GJ, Telang F et al. Low dopamine striatal D2 receptors are associated with prefrontal metabolism in obese subjects: possible contributing factors. Neuroimage. 2008; 42: 1537-43.

Walley AJ, Asher JE and Froguel P. The genetic contribution to non-syndromic human obesity. Nature Reviews Genetics. 2009; 10 (1): 431-442.

Wang GJ, Volkow ND, Logan J et al. Brain dopamine and obesity. The lancet. 2001; 3: 354-357.

Wang TY, Lee SY, Chen SL et al. Association between DRD2, 5-HTTLPR, and ALDH2 genes and specific personality traits in alcohol- and opiate-dependent patients. Behav Brain Res. 2013; 250: 285-92.

Weenen JEL, Parlevliet ET, Maechler P, Havekes LM, Romijn JA, Ouwens DM et al. The dopamine receptor D2 agonist bromocriptine inhibits glucose-stimulated insulin secretion by direct activation of α2-adrenergic receptors in beta vells. Biochemical Pharmacology. 2010; 79: 1827-1836.

Wilson AG, di Giovine FS, Blakemore AI, et al: Single base polymorphism in the human tumour necrosis factor alpha (TNF alpha) gene detectable by NcoI restriction of PCR product. Hum Mol Genet. 1992; 1(5):353-8.

World Health Organization (2000).Obesity preventing and managing the global epidemic. WHO Consultation on Obesity: WHO Technical report 894: Geneva

World Health Organization. WHO Expert Comitee on Physical Status: the use and interpretation of antropometryphisical status. Geneva: World Health Organization; 1995 (WHO Technical Report Series, vol 854).

9- APENDICES

APENDICE A - TCLE - TERMO DE CONSENTIMENTO LIVRE E ESCLARECIDO

Informações

Convidamos a criança NOME, NACIONALIDADE, IDADE, neste ato representado por NOME, PARENTESCO, NACIONALIDADE, PROFISSÃO, RESIDÊNCIA, RG, a participar da Pesquisa Estudo de Associação Entre Polimorfismos Genéticos e Obesidade em Crianças, sob a responsabilidade da pesquisadora Renata Machado Pinto , cujo OBJETIVO é descobrir se existe maior risco de desenvolver obesidade na infância quando a pessoa possui alguns genes específicos.

A participação da criança é voluntária e se dará por meio de realização de consulta médica e fornecimento de amostra de sangue para análise em laboratório da presença ou ausência dos genes estudados. Esta amostra será colhida no laboratório Núcleo (Matriz) em momento de coleta habitual de exames de sangue requeridos para seu tratamento, sem punção venosa adicional. A METODOLOGIA da pesquisa é fazer uma análise da presença de genes no sangue das crianças e comparar a presença desses genes entre as crianças obesas e as magras e verificar se há diferenças.

Os riscos decorrentes da participação da criança na pesquisa são mínimos, próprios de qualquer coleta de sangue, que são dor no local e possível aparecimento de marcas roxas (equimoses). Caso ocorra qualquer intercorrência devido à coleta de sangue, os pacientes serão atendidos pela equipe médica que habitualmente está presente no Laboratório Núcleo e se a criança apresentar uma crise nervosa com dificuldade respiratória, aumento da pressão arterial, sudorese intensa, após ter sido assistida no próprio laboratório a criança será encaminhada imediatamente para o Serviço de Atendimento Médico (SAS/SESMT) da PUC Goiás.

A FINALIDADE de aceitar participar desta pesquisa é contribuir para um maior conhecimento dos mecanismos que causam a obesidade, possibilitando conhecer quais indivíduos tem maior risco de desenvolver a obesidade e que por isso necessitam de cuidados mais precoces e intensos.

Se depois de consentir com a participação da criança o Sr. (a) mudar de ideia, tem o direito e a liberdade de retirar seu consentimento em qualquer fase da pesquisa, antes ou depois da coleta dos dados, independente do motivo e sem nenhum prejuízo a sua pessoa. Caso a criança decida não participar do estudo, mesmo que o Senhor (a) queira que ela participe, a vontade da criança será respeitada e ela não fará parte do estudo.

O (a) Sr (a) não terá nenhuma despesa e também não receberá nenhuma remuneração. Os gastos necessários para a participação da criança na pesquisa serão assumidos pelos pesquisadores. Fica também garantida indenização em casos de danos comprovadamente decorrentes da participação na pesquisa, conforme decisão judicial (justiça comum).

Os resultados da pesquisa serão analisados e publicados, mas a identidade de eu filho não será divulgada, sendo guardada em sigilo. Ressalta-se que todos os dados que permitam a identificação pessoal serão mantidos em sigilo profissional e cientifico. Sendo-lhe garantido que todos os resultados aqui obtidos serão utilizados somente para estudo científico e não irão prejudicar em algum tratamento que o participante já esteja submetido (a).

As amostras Biológicas e as fichas de avaliações serão armazenadas por 5 anos no Núcleo de Pesquisa Replicon da PUC-Goiás para eventuais correção de eventuais erros no resultados da pesquisa ou re-testes das amostras biológicas da mesma pesquisa se necessário

É assegurada a assistência habitual da criança durante toda pesquisa. A dra. Renata Machado Pinto médica endócrino pediatra assistente da criança continuará a dar todo o suporte clínico durante o período da pesquisa. Em caso de qualquer intercorrência a criança será atendida no consultório da médica como ocorre habitualmente. É garantido o livre acesso a todas as informações e esclarecimentos adicionais sobre o estudo e suas consequências, enfim, tudo o que eu queira saber antes, durante e depois da participação de seu (sua) filho (a).

Para qualquer outra informação, o (a) Sr (a) poderá entrar em contato com a pesquisadora no endereço Rua 107 Qd F 32 Lt 37 setor sul no Centro Médico Hospital da Criança, pelo telefone (62) 3983 8015 ou 92637102.

Consentimento Pós–Informação

Eu, NOME, fui informado (a) sobre o que o pesquisador pretende fazer e porque precisa da minha colaboração, e entendi a explicação. Por isso, eu concordo em autorizar a participação de meu (minha) filho (a) no projeto, sabendo que não vou ganhar nada e que posso sair quando quiser. Este documento é emitido em duas vias que serão ambas assinadas por mim e pelo pesquisador, ficando uma via com cada um de nós.

LOCAL, DATA.
Assinatura do participante

Assinatura do Pesquisador Responsável

APENDICE B - FICHA CLINICA PACIENTES

PRONTUÁRIO PESQUISA ASSOCIAÇÃO POLIMORFISMOS GENÉTICOS E OBESIDADE EM CRIANÇAS

Dra. Renata Machado Pinto - CRM 9070

DADOS DO PACIENTE

Nome: _____

Sexo: _____ Data nascimento: _____

Idade: _____

PRIMEIRO ATENDIMENTO:

ENTREVISTA COM PAIS/RESPONSÁVEIS

Data: _____ Informante: _____

Queixas:

_____
_____
_____
_____

Antecedentes mórbidos pessoais _____

Hábitos alimentares (quantidade / horários):

Leite: _____
Carne: _____
Fruta: _____
Verdura: _____
Guloseimas: _____

Atividade física (tipo / horas/semana):

_____

CONDIÇÕES DE NASCIMENTO

PN: _____ CN: _____ PC: _____ IG: _____

Tipo de parto: _____ Apgar: _____

G___P___A___ Pré-natal: _____

HISTÓRIA FAMILIAR

Constituição
familiar:_____

_____
_____
_____
_____

Antecedentes mórbidos (Diabetes mellitus, Hipertensão, Dislipidemia, Doença cardiovascular e outros citados pela família) :

_____

_____   _____

Altura mãe: _____   Peso Mãe: _____   IMC: _____
Altura pai:_____   Peso Pai: _____   IMC: _____
Menarca da mãe: _____   Gonadarca pai: _____

EXAME CLÍNICO DA CRIANÇA
Peso : _____   Peso ideal _____   PA: _____
Altura: _____   IMC: _____   Z-IMC: _____

Ectoscopia: _____
Otoscp:_____
ACV: _____
AR: _____
Abdome: _____
Membros: _____
SN: _____
Genitália: _____

DIAGNÓSTICOS:
Crescimento: _____
Desenvolvimento: _____
Alimentação: _____
Imunizações: _____
Patologia: _____
_____
_____

76

Printed by Books on Demand GmbH, Norderstedt / Germany